PHILIP KIEFER

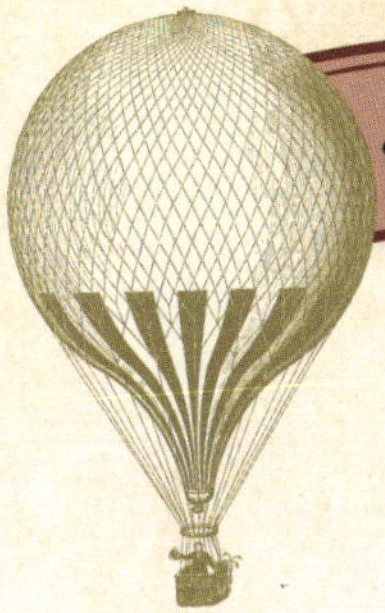

· IN 24 ETAPPEN UM DIE WELT ·

Adventskalender der LANDKARTEN RÄTSEL

In 24 Etappen um die Welt

24 LANDKARTENRÄTSEL

RÄTSELSPASS MIT LANDKARTEN

Sind Sie bereit für ein großes Abenteuer? Dann begleiten Sie den englischen Gentleman Phileas Fogg und seinen vielfältig talentierten Diener Passepartout auf ihrer Reise um die Welt. Es gilt eine Wette zu gewinnen, die die ehrwürdige Königin Victoria höchstpersönlich abgeschlossen hat, und Sie sind als »werter Gast« mit von der Partie!

In 24 Etappen fahren, fliegen, tauchen, reiten oder pilgern Sie rund um den Globus. Und egal, ob Sie gerade in den eisigen Polarregionen bibbern oder in einer der Wüsten Persiens schwitzen – fast immer erwartet Sie ein haarsträubender Zwischenfall, der die gesamte Reise und damit auch die Wette der Königin gefährdet. Seien Sie stets auf der Hut vor Saboteuren!

Erkunden Sie auf Ihrer Weltreise spannende Regionen. Die zugehörigen Karten liefern Ihnen eine Menge Stoff für knifflige Rätsel. Auf jeder der versiegelten Doppelseiten wird Ihnen neben einem Kartenausschnitt eine Vielfalt höchst abwechslungsreicher Fragen und Aufgaben präsentiert, die es zu lösen gilt. Manchmal werden Sie aber auch zu Länderumrissen, Flaggen oder Skylines von Städten befragt. Die Lösungen nebst interessanten Zusatzinfos finden Sie am Ende in einem ausführlichen Lösungsteil.

Es erwarten Sie Fragen und Aufgaben zu folgenden Rätsel-Rubriken:

- **Gucken Sie genau!** Bei dieser Rubrik geht es darum, die Augen zusammenzukneifen und bestimmte, manchmal etwas versteckte Örtlichkeiten auf einer Karte aufzuspüren.
- **Wer weiß was?** Bei diesen Aufgaben ist Ihr Wissen gefragt. Die Antworten bei diesem Quizspiel finden Sie auf der Karte.
- **Große Namen** Auch zu diversen Berühmtheiten haben wir Fragen an Sie. Denn wie beim bekannten roten Teppich kreuzt die Prominenz auch gern auf Karten auf.
- **Für Sprachgewandte** In dieser Rubrik gibt es Fragen rund um die Sprache – oder zu Fremdsprachen.
- **Zum Querdenken** Diese Rätsel sind besonders knifflig, denn sie erfordern nicht nur Ihren Spürsinn und Ihr Wissen, sondern auch Ihre kreativen Fähigkeiten.
- **Gut in Form?** Manchmal zeigen wir Ihnen auch einen Kartenausschnitt und lassen Sie herausfinden, an welcher Stelle wir diesen der Karte entnommen haben.

- **Zählen Sie mal!** In dieser Rubrik ist äußerste Konzentration gefragt, denn Sie sollen die gesamte Karte nach bestimmten Elementen durchforsten – und keines soll dabei übersehen werden!

Phileas Fogg, dessen geliebte Frau Aouda und sein Diener Passepartout sind Schöpfungen des französischen Schriftstellers Jules Verne (1828–1905). In seinem Roman »Reise um die Erde in 80 Tagen« hat er sie verewigt. In diesem Buch werden Sie aber auch noch Figuren aus weiteren Romanen des berühmten Schriftstellers begegnen – darunter aus so bekannten Werken wie »Die Reise zum Mittelpunkt der Erde« oder »Zwanzigtausend Meilen unter dem Meer«. Werden Sie die Figuren den passenden Romanen zuordnen können?

Ihre Reise beginnt gegen Ende des 19. Jahrhunderts in London. Über Skandinavien führt Sie der Weg in die Polarregion und von dort weiter auf den amerikanischen Kontinent. Aber aufgepasst: Für zahlreiche Turbulenzen und Stürme ist gesorgt, sogar für Diebe werden Sie gehalten!

Vom Wilden Westen aus überqueren Sie an Bord der berühmten »Nautilus« den Pazifik, besuchen Neuseeland und verlieren sich anschließend in der exotischen Vielfalt Asiens. Der Ritt auf dem Rücken eines Elefanten ist eines der dicken Dinge, die Sie dort erwarten!

Mit einer Kamelkarawane durchqueren Sie Persien und dampfen mit der Bahn nach Damaskus. Im Heiligen Land begeben Sie sich dann natürlich auf Pilgerpfade. In Afrika reisen Sie von Ägypten aus nilaufwärts bis zum Victoriasee. Was Sie dort zu suchen haben? Nun, lassen Sie sich überraschen!

Der letzte Teil der Reise findet – sogar mit päpstlichem Segen – quer über den europäischen Kontinent statt. Ganz ohne Zwischenfälle geht es auch dabei nicht zu. Ob es Ihnen wohl gelingen wird, werter Gast, die abenteuerliche Reise mit Phileas Fogg und Passepartout zu einem guten Ende zu führen? Nur so viel sei verraten: Es wird verdammt knapp!

Bereiten Sie sich und Phileas Fogg gern eine Kanne Tee zu und bieten Sie ihm ein Tässchen an! Gemeinsam mit dem englischen Gentleman schmieden Sie nun Ihre Reisepläne und Sie begeben sich in 24 Etappen auf eine abenteuerliche Reise rund um die Welt.

Wir wünschen Ihnen ein vergnügliches Abenteuer und allzeit eine gute Fahrt!

IN 24 ETAPPEN · UM DIE · WELT

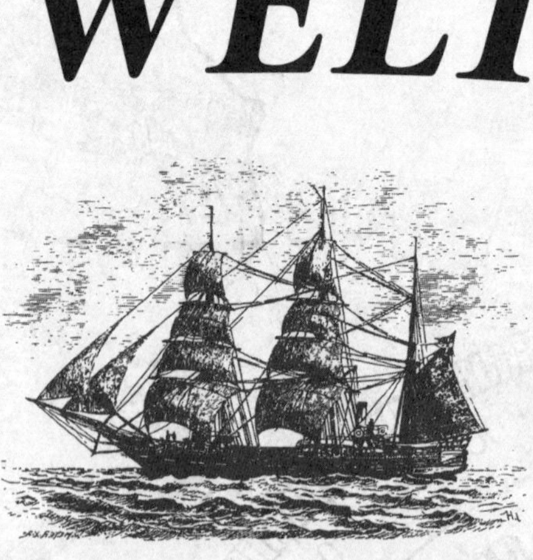

»In 24 Tagen soll ich um die Erde reisen? Ja, ist denn das Ihr Ernst, Lord Fauntleroy? Sie wissen doch, dass ich es vor vielen Jahren nur knapp in 80 Tagen geschafft habe. Sagen Sie mir: Warum sollte ich mich heute – als glücklich verheirateter Ehemann und verantwortungsvolles Familienoberhaupt – auf so etwas einlassen?«

»Nun, Queen Victoria höchstpersönlich hat mit dem russischen Zaren Nikolaus II. eine Wette abgeschlossen, dass Sie, Mister Fogg, in nur 24 Tagen den Erdball umrunden können. Es wäre doch hochnotpeinlich, wenn die Queen diese Wette verlieren würde, nicht wahr? Übrigens wird Queen Victoria Sie im Erfolgsfall mit einem großzügigen Geschenk bedenken.«

»24 Tage, Nikolaus, Geschenk, … ja, ist denn bald Weihnachten? Nun gut, ich werde mich dieser Herausforderung stellen. Aber unter der Bedingung, dass mein Diener Jean Passepartout, der mir immer eine hilfreiche und gewitzte Unterstützung war, und ein lieber Gast mit von der Partie sind. Meine geliebte Frau Aouda wird sich während meiner Abwesenheit um das Haus und die Kinder kümmern.«

»Topp, die Wette gilt! Wann werden Sie die Reise beginnen, Mister Fogg?«

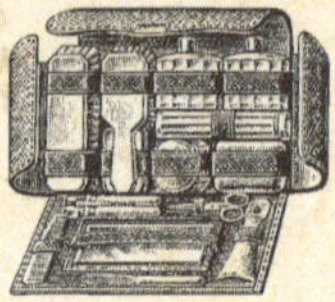

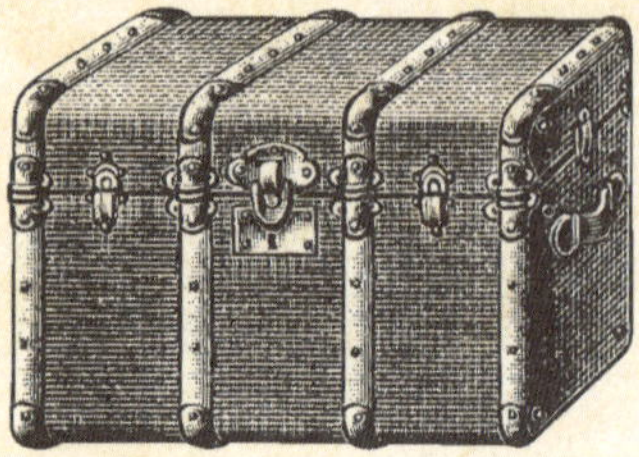

1

LONDON, NO. 7, SAVILLE ROW, BURLINGTON GARDENS

»Wann, wann, wann! Drücke ich mich unverständlich aus, Passepartout? MORGEN geht es auf Weltreise. Packe also alles Notwendige zusammen. Da wir auch in nördliche Gefilde gelangen, bedürfen wir warmer Kleidung. Und vergiss nicht, dass ein Gast uns auf der gesamten Reise begleitet. Morgen läuft in Southampton die »Jules Verne« nach Stockholm aus, und wir werden uns an Bord befinden.«

Werter Gast, Passepartout trifft nun alle Vorbereitungen. Ich möchte Sie fragen: Sind Sie auch wirklich bereit für eine so weite Reise? In nur 24 Tagen sollen wir um die Welt reisen, und ich bin mir ziemlich sicher, dass wir dabei gemeinsam eine Menge haarsträubender Abenteuer erleben werden.

Sie sind bereit, ja? Dann packen Sie also ebenfalls Ihre Koffer und seien Sie mit dabei! Von London bis nach Southampton sind es etwa 80 Meilen. Wir werden morgen den ersten Zug nehmen müssen, um rechtzeitig am Hafen von Southampton anzugelangen. Verabschieden wir uns nun also vorerst und treffen wir uns morgen um 5 Uhr an der Waterloo Station.

IM ZUG NACH SOUTHAMPTON

Der Abschied von Aouda und den Kindern an der Waterloo Station war ein wenig traurig, doch nun sehne ich mich dem Abenteuer entgegen. Geht es Ihnen genauso, werter Gast? Unser Zug ist pünktlich abgefahren, bis Southampton sind es nun nur noch wenige Meilen. Aber ... was ist das? Warum hält der Zug plötzlich auf freier Strecke mitten in der Landschaft? In drei Stunden legt doch unser Schiff ab!

1

GOOD OLD ENGLAND

Hampshire ist eine Grafschaft an der Südküste Englands, ihr Verwaltungssitz ist die Stadt Winchester. Fühlen Sie sich wie ein englischer Lord oder eine englische Lady und unternehmen Sie eine Fahrt durch diese südenglische Grafschaft.

Zählen Sie mal!

1 Wie viele Ortsnamen enden auf »hill«?

2 Addieren Sie im Kopf alle zweistelligen Zahlen, die in arabischen Ziffern auf der Karte geschrieben stehen.

Für Sprachgewandte

3 Wo können Sie sich auf gut Englisch ausruhen?

4 Welcher Ort ist etwas RUDELY (»grob«), wenn man die Buchstaben mixt?

5 Wo versteckt sich der große englischsprachige Bär zwischen Bäumen?

Große Namen

6 Entdecken Sie auf der Karte den Vornamen des 1874 geborenen Churchill – einem der großen Staatsmänner des 20. Jahrhunderts.

Gucken Sie genau!

7 Wo steht das Hurst Castle?

8 Zeigen Sie auf Southampton, den Ort, an dem am 10. April 1912 die »Titanic« ablegte.

WINCHESTER
VENTA
SOVTHAMPTON
RVMSEY
BVSHWALTHAM
FAREHAM
BAVLIEV
PORTESMOVTH
PORTVS MAGNV
Forrest of Beare
REST
Titchfeild
Calshott cast
Hurst castle
PARS INSVLÆ VECTÆ
PART OF THE ILE OF WIGHT
NEWPORTE

2

INMITTEN DER OSTSEE

»Bist du dir da auch wirklich sicher, Passepartout? Der Mann, der vor Southampton die Notbremse gezogen hat, ist hier an Bord der »Jules Verne«? Und du hast gehört, wie er sich mit jemandem auf Russisch unterhalten hat? Beobachte diesen Kerl und seinen Genossen ein wenig, während ich hier mit unserem werten Gast an der Reling stehe und auf die ruhige Ostsee blicke.«

Mir schwant etwas. Wegen der Notbremsung haben wir das Schiff in Southampton nur knapp erreicht. Sollte Zar Nikolaus II. jemanden entsandt haben, um uns auf unserer Reise Steine in den Weg zu legen? Wer weiß, um welchen Einsatz es bei seiner Wette mit unserer verehrten Queen Victoria geht?

Aber lassen wir uns davon nicht beeindrucken, werter Gast. Passepartout hat die Russen im Visier, so schnell werden sie uns keinen Streich mehr spielen können. In Stockholm bleibt uns Zeit für einen kleinen Stadtrundgang. Aber ... warum ertönt da ein Alarm? O nein, ein Schiff, das unter russischer Flagge fährt, nähert sich der »Jules Verne«. Die Besatzung gibt vor, das Schiff nicht mehr steuern zu können. Kommt es etwa zu einer Kollision?

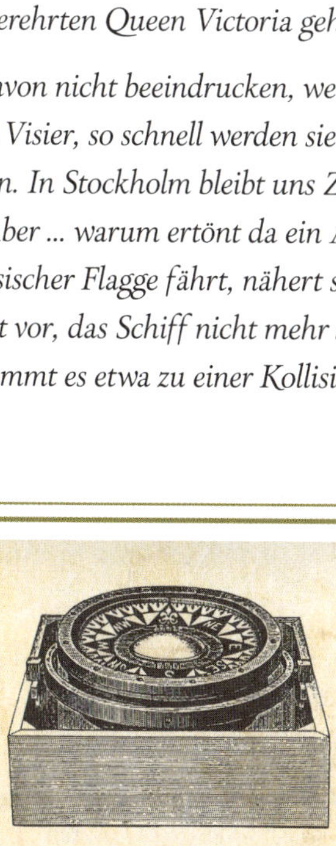

2

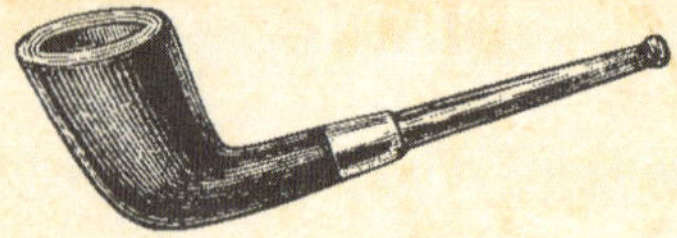

ALTER SCHWEDE!

Spazieren Sie durch das an der Ostsee gelegene Stockholm, die Hauptstadt Schwedens und größte Stadt Skandinaviens. Das Wasser macht hier einen großen Teil der Stadtfläche aus - auch auf unserer Karte.

Gucken Sie genau!

1 Besuchen Sie in Stockholm das Nationalmuseum.

2 Unternehmen Sie als Nächstes einen Ausflug zur »Mariakyrka«, also zur Marienkirche.

3 Passen Sie auf, dass Sie auf der Suche nach der Königlichen Oper nicht rotsehen!

Für Sprachgewandte

4 Mit »Pepper« ist die Karte nicht gewürzt, aber dafür mit ...?

5 Lösen Sie das Anagramm und finden Sie heraus, wo sich JEANNE BLOCK gerade herumtreibt.

6 Finden Sie auf der Karte eine schwedische Navigationsschule.

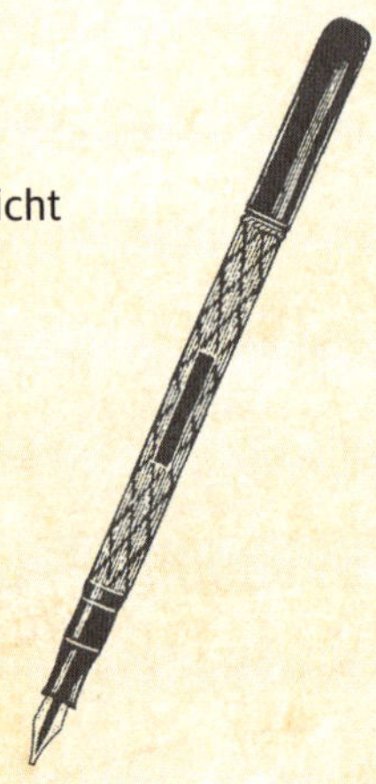

Große Namen

7 Suchen Sie auf der Karte nach einem Karl, aber nicht nach dem erstbesten, sondern Karl XII.

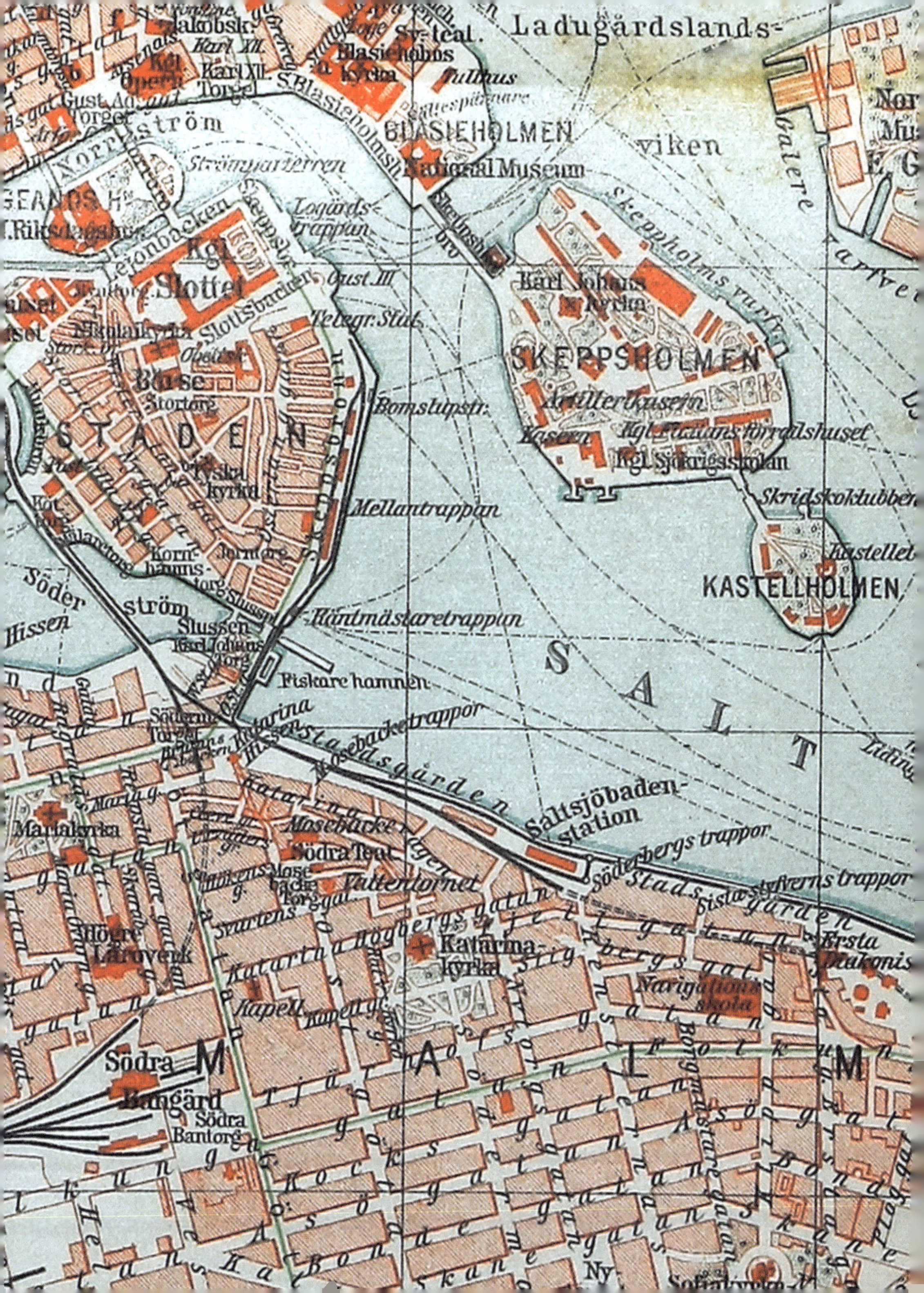
Ladugårdslands-
Blasieholms kyrka
Kgl. Opera
Karl XII. Torget
Gust. Adolfs Torget
Norrström
BLASIEHOLMEN
National Museum
viken
Strömparterren
Logårdstrappan
Kgl. Slottet
Skeppsholmsbro
Karl Johans kyrka
Skeppholmsvarfvet
Gust III
Telegr. Stat.
Slottsbacken
Obelisk
SKEPPSHOLMEN
Börse
Stortorg
Bomslupstr.
Artillerikasern
Kgl. Sjökrigsskolan
STADEN
Tyska kyrka
Mellantrappan
Skridskoklubben
Kastellet
KASTELLHOLMEN
Söder ström
Slussen
Karl Johans Torg
Kornhamnstorg
Järntorg
Räntmästaretrappan
Fiskarehamnen
SALT
Södermalms Torget
Katarina Hissen
Mosebacketrappor
Stadsgården
Saltsjöbaden station
Mariakyrka
Mosebacke
Södra Teat.
Vattentornet
Söderbergs trappor
Högre Läroverk
Högbergsgatan
Katarina kyrka
Ersta Diakonis
Navigations skola
Kapell
Södra Bangård
Södra Bantorg
MALM

3

4

Boe
Ericks Fioerd
Misael
Opdael
Sundael
Drifbor
Rund Fiel
Romsdalen
Celwick
Hatne
Garde
Konig dael
DIŒCESIS
DofreField
Dofre
Loom
Gusdall
Nase
Froen
Oyer
Lille Hamer
Styret
Amel
Skrodevelds
Shire
Ardal
Rind
saker
Hedals
Ringerke
Rand
Stang
Berga
Wingero
Toten
Urskog
Feet
Ostvalla
Omark
Friderichstat
Berg
Sarp
Coster
Snynesund
Lendalen
Distelberg
Poter Noster
Mess
Warne Kloster
Hoglant
Sansund
Mosun
Ennebacka
Obslo
Christiania
Nammesta
Anslo
Skesmo
Ullesei ker
Tonsber
Susters
Lange Sund
Westkiel
Sandfioerd
Flogster
Nedenes
Beresond
Rodoesund
Fleckeroen
Halsnoe
Lindesnes al der neus
Vanso
Yarsten
Focksten
Egere Oe
Boe
Timens
Lisdle
Torpdals
Valle
Gerestads
Bolwyck
Noordsoe Vand
Wene
Holen
Braker nes
Tinosdoahl
Saltiberg
Aggerss huslot
Tynhost Vand
Kungen Vand
Huitensio
Adesogn
Roodal
Soyde
Acre Fioerd
Ellue
BURGEN
Biscops vaire
Gaarde
Aals
Flaa
Vangs
Marrete
Steun
Ost Neron
SIS
Sogn Fioerd
BERGEN
Sued Fioerd
Noord Fioerd
Salmans have
S. Oelengad
Laadste op Wolden
Stat Muling
Ristersond
Swinoe
Bondoe
Kurek
Wigersandoe
Harmsoe
Ramsoe
de Quaden oste Roemdaelsche Scharen
Klovening
Ornel
Wthover
Carmans
Utweer
Sillewoog
Bloem
Mussoud
Kruys Fioerd
Pape Fioerd
Syck
Bommelhoos
Utsire
Carmen I
Stavanger
STAVANGR
OBSLO
Dals kog
Esberg
Dalebergh
Bretts
Odwalla
Floah
Dalb
Kolen

3

VON FJORDEN IM NORDEN

Norwegen beeindruckt durch seine vielfältige Natur mit Gebirgen und einer zerklüfteten Küste, in die zahlreiche Fjorde weit hineinragen. Besuchen Sie einige der Fjorde und lösen Sie knifflige Landkartenrätsel.

Zählen Sie mal!

1 Fjord wird auf der Karte etwas anders geschrieben, nämlich »Fioerd« – wievielmal? Groß- oder Kleinschreibung spielen keine Rolle.

2 Einige Ortsnamen auf der Karte enden auf »dal«. Zählen Sie diese, und zwar dal-li, dal-li!

Wer weiß was?

3 Wo auf der Karte wurden vom 12. bis 27. Februar 1994 die Olympischen Winterspiele ausgetragen?

4 Enttarnen Sie auf der Karte einen berühmten britischen Geheimagenten. Er steht allerdings nicht allein da.

5 Lieben Sie die Oper? Dann bestimmt auch dieses musikalische Bühnenwerk eines französischen Komponisten.

Für Sprachgewandte

6 Das schaffen nicht nur Lateiner: Finden Sie auf der Karte das »Vaterunser«.

7 Lösen Sie das Anagramm, um herauszufinden, wo sich das ANTSGRAVE befindet.

8 Auf der Karte sehen Sie keine Inches und keine Yards, jedoch …?

9 Nun heißt es einmal nicht »Cherchez la femme«, sondern: Suchen Sie auf der Karte nach einem französischen Mann.

IM RENTIERSCHLITTEN DURCH SKANDINAVIEN

Nun, werter Gast, das war ja recht knapp auf der Ostsee! Aber glücklicherweise kam es nicht zu einer Kollision mit dem russischen Schiff. Und soweit meine chronologischen Berechnungen insgesamt stimmen, dürfen wir durchaus guten Mutes sein, was unsere Weltumrundung in 24 Etappen betrifft.

In Stockholm haben wir beim berühmten Weltreisenden Dr. Samuel Fergusson einen lenkbaren Fesselballon erworben. Ich werde diesen auf den Namen »Aouda« taufen, um mich meiner geliebten Ehefrau nahe zu fühlen. Mein Diener hat den Fesselballon auf unserem Rentierschlitten zwischenzeitlich gut verstaut, und mit dem geht es nun quer durch die Schneelandschaften Schwedens und Norwegens. Sobald wir die Küste erreichen, werden wir in die Lüfte steigen. »Hüa, Rudolph!«

WÖLFE!

Derzeit sehen wir auch keine russischen Saboteure weit und breit, nur Fjorde und eine friedliche Natur. Aber was ist das für ein grauenvolles Geheul? Es sind Wölfe, viele Dutzend! Sie verfolgen unseren Rentierschlitten, versuchen uns einzukreisen!

»Passepartout! Nimm diese Böller, die ich bei unserer letzten Weltumrundung in Schanghai gekauft habe. Vertreibe damit die hungrigen Biester, während ich die Rentiere antreibe!« Sie, werter Gast, halten sich gut fest, wir nehmen nun volle Fahrt auf! Die Wölfe sind sehr schnell. Werden sie uns einholen? Achtung, gleich kracht es!

BUMM! BUMM! BUMM!

GEFAHR IN DEN LÜFTEN

Wunderbar ist es, werter Gast, von unserem Fesselballon »Aouda« aus die mächtigen Vulkane Islands zu erblicken. Mithilfe von Windmaschinen lässt er sich fast so steuern wie eine Kutsche. Unser Ziel ist Reykjavik, die Hauptstadt Islands, das dem dänischen Thron unterstellt ist. Dort wollen wir uns mit Proviant für die Weiterfahrt versorgen.

»Passepartout, wie lange noch bis Reykjavik? Passepartout?« Nanu, wir verlieren stark an Höhe. »Passepartout!«

O nein! Passepartout antwortet nicht, da er sich gerade an der Ballonhaut festklammert und versucht, ein Leck zu stopfen! Doch ohne Erfolg. Der Ballon verliert rasch an Höhe. Aber wir gehen nicht am Boden nieder, sondern tauchen mitten in den Schlund des Vulkans Snæfellsjökull. Zu Hilfe!

INMITTEN DES VULKANS

HUST! HUST! HUST! Was für ein Staub, aber wir sind einigermaßen sicher gelandet. Sehen Sie, drei Personen kommen rasch auf uns zugelaufen. Hier am Grund des Vulkans? Was meinen Sie, sind sie uns feindlich gesonnen? Nein, einer der Männer spricht uns freundlich an.

»Guten Tag! Mein Name ist Professor Lidenbrock, das ist mein Neffe Axel und dies unser isländischer Führer Hans Bjelke. Wir unternehmen, wie schon vor einigen Jahren, eine Reise zum Mittelpunkt der Erde. Und Sie? Können wir vielleicht helfen?«

»O ja! Unser Fesselballon »Aouda« hat ein Leck. Könnten Sie uns helfen, dieses zu stopfen? Dafür wären wir wirklich sehr dankbar.«

Doch schauen Sie, Hans Bjelke macht sich bereits ans Werk, zusammen mit Passepartout das Leck zu stopfen. Falls dies rasch gelingt, haben wir noch ausreichend Zeit, in Reykjavik Proviant aufzunehmen.

4

WILDE INSEL IM NORDATLANTIK

Diese alte Karte Islands stammt aus dem Jahr 1590. Sie veranschaulicht die vom Wasser und Vulkanismus geprägte wildromantische Landschaft des europäischen Inselstaats. Starten Sie eine kleine Erkundungstour!

Gucken Sie genau!

1 Eine Schweizerin besucht Island: Wo treffen Sie Heidi?

2 Nur eine einzige Zahl steht auf der Karte geschrieben: Wo und welche?

Für Sprachgewandte

3 Sie sagen »Hallo«, der Spanier sagt …?

Zählen Sie mal!

4 Wie viele Tiere sind – ganz oder teilweise – auf der Karte abgebildet?

5 Ey, ey, das sind aber ganz schön viele »ey«. Wie oft kommt diese Buchstabenkombination vor, egal ob am Anfang, am Ende oder inmitten von Wörtern?

6 Nun zählen Sie noch alle »closter« auf der Karte.

Gut in Form?

7 Von wo auf der Karte stammt dieser Ausschnitt?

Wer weiß was?

8 Der Ausbruch welches isländischen Vulkans verursachte 2010 erhebliche Störungen im europäischen Flugverkehr?

Skagafiord
Sigelfiord
Siglunes
Heidiffiord
Olafsfiord
Rolsker
Huallatur
Huallfiord
Flatey
Lundey
Hufley
Kolbeins dalur
Surbak dalur
Eyafiordur
Skialfandafiord
Malin ey
Hoff os
HOLA altera sedes episcopalis, cum schola
Modur valler closter
Holgur dalur
Drang ey
Hialta Dalur
NORDLEN DINGAFIOR DVNG.
Husevig
Grenested
Munke tuere closter
Bardur dalur
Muli
Remested closter
Mokrufeld
Sand Iokul.
Arnafelds Iokul.
Getlands okul.
Fodinæ sulphureæ præstantissimæ
His notis distinguitur limes inter vtramque dioecesin.
Skalbred.
Kluka
Langedal
Ruma repper
SVNDLEN DINGAFIOR DVNG.
Blaskoger heyd
Reykia Dallur
Lundur
Hekla perpetuis damnata æstib. et niuib. horrendo boatu lapides evomit
Fiske notn
Skabt a.
SKALHOLT sedes episcopalis, cui adiuncta est Schola.
Thermæ
Mydals Iokul
Oddi
Eyafialla Iokul
Solheima Iokul
Kirkebar closter
Mospeltz sneit
Equorum tanta hic velocitas, vt continuo cursu 20. milliaria conficiant.
Breidaholst stadar
Ladma repper
Eyrarbach
Medalland.
Fontes ferui dissimi
Porlarks hafn
Vaccæ marinæ.
Corui, et falcones albi.
Kongard.
AVLVOS.
Iokul a.
Seluopa.
Hafnianes
K.
Eldor

5

POLARSTURM AUF GRÖNLAND

Etwas kalt ist es doch hier im Fesselballon über Grönland. »Passepartout, meinen Mantel bitte!« Well, mit dem warmen Mantel ist es schon besser. Sie sind auch ausreichend eingepackt, werter Gast?

Aber nun kommt auch noch ein starker Wind auf, ein Sturm will ich sagen. Und was könnte diese weiße Wand sein, die sich in rascher Geschwindigkeit auf uns zubewegt?

Passepartout ruft etwas, ich kann seine Worte bei dem starken Wind kaum vernehmen. Doch jetzt höre ich es: »Ein Polarsturm, mein Herr, ein Polarsturm!«

Rasch ans Werk, wir müssen sofort landen. »Passepartout, sieh dort vorn, ein Eskimodorf! Dieses müssen wir unbedingt erreichen, sonst enden wir als Schneefiguren oder als Futter für die Eisbären.« Sehen Sie die beiden mächtigen Exemplare dort unten toben, werter Gast?

LOSGERISSEN

Da, die Eskimos haben unsere brenzlige Situation erkannt und werfen uns ein Seil zu. Passepartout gelingt es, das Seil spektakulär zu greifen, und unseren Ballon zum Boden zu ziehen, während die wackeren Eskimos gegenhalten. Passepartout ruft ihnen sogar ein paar Worte auf Grönländisch zu – mein Diener überrascht mich immer wieder!

Steigen Sie zuerst aus, werter Gast, sodann ich und dann Passepartout. Uff, geschafft! Doch nun reißt sich der Ballon im Polarsturm los. Passepartout steht immer noch darin. »Spring, Passepartout, spring!«

5

WILLKOMMEN AUF KALAALLIT NUNAAT

Grönland, das die Ureinwohner Kalaallit Nunaat nennen, ist mit einer Fläche von über zwei Millionen Quadratkilometer die mit Abstand größte Insel der Welt. Erkunden Sie, nicht mehr weit entfernt vom Nordpol, den Nordosten Grönlands.

Gucken Sie genau!

1 Finden Sie auf der Karte einen weiblichen Vornamen, der mit G beginnt.

2 Klicken Sie auf der Karte einen »link«.

Wer weiß was?

3 Zeigen Sie auf den Nachnamen eines US-amerikanischen Polarforschers, der von 1856 bis 1920 lebte.

4 Suchen Sie einen norwegischen Friedensnobelpreisträger.

5 Finden Sie auf der Karte den Verfasser von »Moby Dick«.

6 Entdecken Sie auf der Karte eine nordfranzösische Region?

Gut in Form?

7 Nun sind Sie unterwegs im ewigen Eis. Aber wo genau?

Zählen Sie mal!

8 Ermitteln Sie, wie oft auf der Karte das Wort »Land« vorkommt, egal ob groß- oder kleingeschrieben.

9 Subtrahieren Sie im Kopf die höchste dreistellige Zahl von der höchsten vierstelligen Zahl.

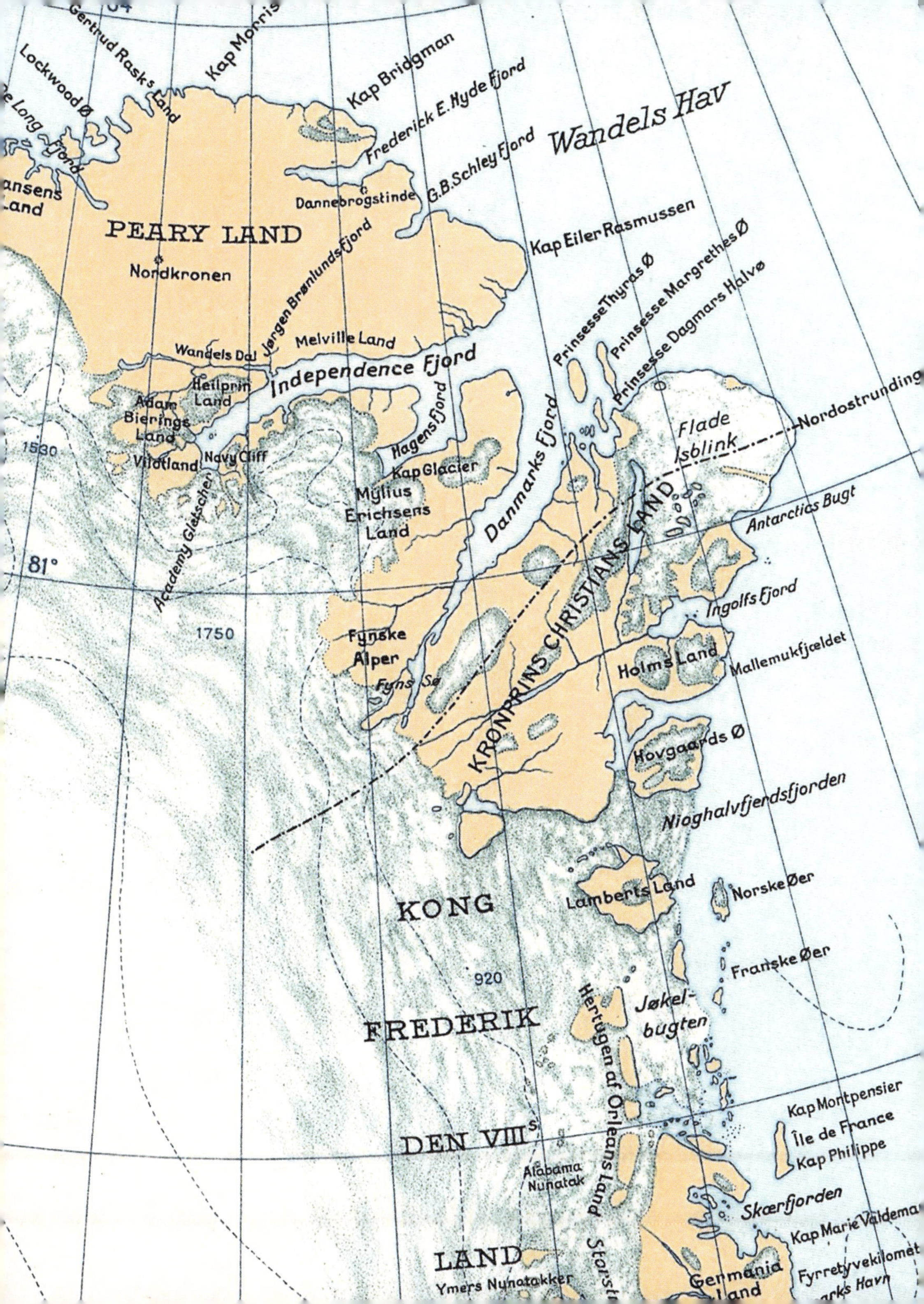
Gertrud Rasks Land
Kap Morris
Lockwood Ø
Kap Bridgman
Frederick E. Hyde Fjord
Wandels Hav
G.B. Schley Fjord
Dannebrogstinde
PEARY LAND
Nordkronen
Kap Eiler Rasmussen
Prinsesse Thyras Ø
Prinsesse Margrethes Ø
Prinsesse Dagmars Halvø
Jørgen Brønlundsfjord
Melville Land
Wandels Dal
Independence Fjord
Heilprin Land
Adam Bieringe Land
Vildtland
Navy Cliff
Hagensfjord
Kap Glacier
Danmarks Fjord
Flade Isblink
Nordostrundingen
1530
Mylius Erichsens Land
Academy Gletscher
Antarctics Bugt
81°
KRONPRINS CHRISTIANS LAND
Ingolfs Fjord
1750
Fynske Alper
Fyns Sø
Holms Land
Mallemukfjældet
Hovgaards Ø
Nioghalvfjerdsfjorden
Lamberts Land
Norske Øer
KONG
Franske Øer
920
Jøkel-bugten
FREDERIK
Hertugen af Orleans Land
Kap Montpensier
Île de France
Kap Philippe
DEN VIII^S
Alabama Nunatak
Skærfjorden
Kap Marie Valdemar
LAND
Ymers Nunatakker
Germania Land
Fyrretyvekilometer

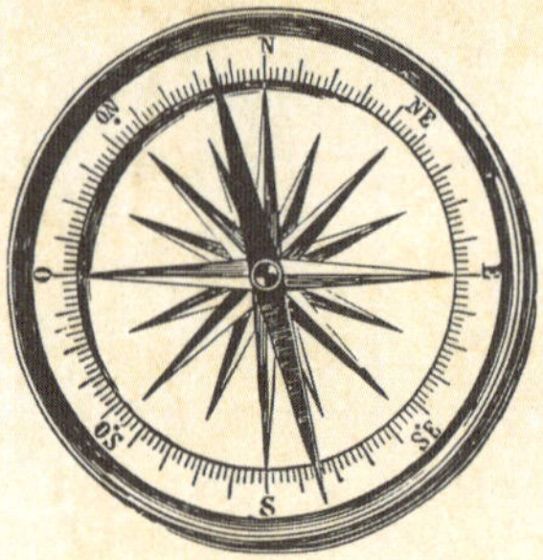

6

7

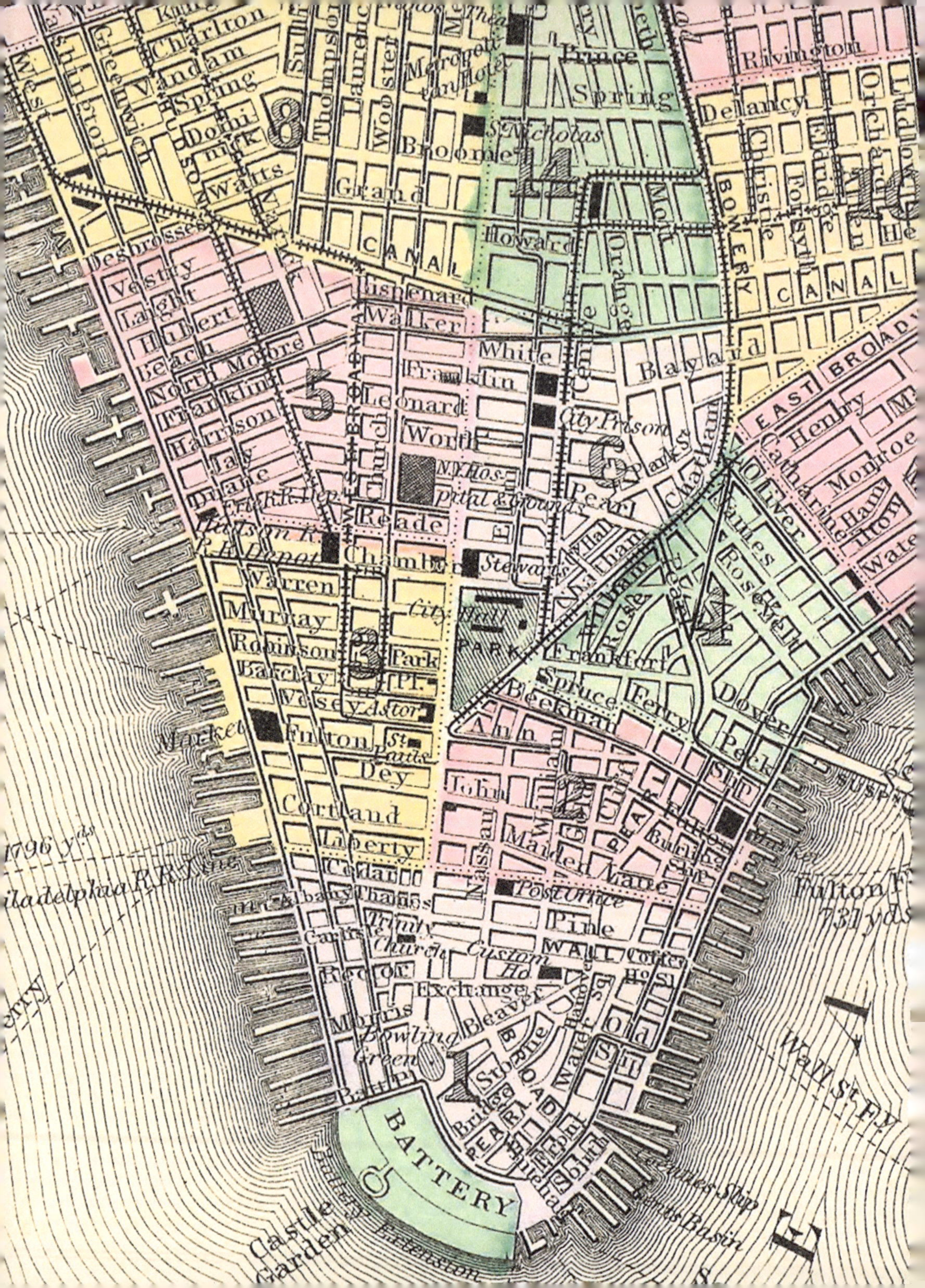

Charlton
Vandam
Spring
Dominick
Watts
Thompson
Laurens
Wooster
Mercer
Metropolitan Hotel
Prince
Spring
Broome
St. Nicholas
Grand
Canal
Howard
Rivington
Delancy
Orchard
Ludlow
Chrystie
Forsyth
Eldridge
Allen
Bowery
Canal
Mott
Orange
Centre
Desbrosses
Vestry
Laight
Hubert
Beach
North Moore
Franklin
Harrison
Jay
Duane
Lispenard
Walker
White
Franklin
Leonard
Worth
Church
West Broadway
City Prison
Bayard
East Broadway
Henry
Monroe
Catharine
Hamilton
Water
Oliver
James
Roosevelt
N.Y. Hospital & grounds
Pearl
Chatham
Reade
Hudson R.R. Depot
Chambers
Stewart's
Warren
Murray
Robinson
Barclay
Vesey
Astor
City Hall
Park
Park Pl.
Frankfort
Spruce
Ferry
Dover
Beekman
Ann
Peck
Market
Fulton
St. Paul's
Dey
John
Cortland
Liberty
Maiden Lane
Cedar
Burling Slip
Nassau
William
Gold
Cliff
Post Office
Pine
Wall
Thames
Albany
Trinity Church
Carlisle
Custom Ho.
Coffee Ho.
Exchange
Rector
Morris
Beaver
Hanover Sq.
Bowling Green
Broad
Stone
Water
Old Slip
Bridge
Pearl
Whitehall
South
Battery
Battery Extension
Castle Garden
Fulton F.
731 yds
Wall St. F.
1796 yds
Philadelphia R.R. Line
Ferry
1
2
3
4
5
6
8
14
10

6

NEW YORK, NEW YORK

Nein, am Big Apple beißen Sie sich ganz gewiss nicht die Zähne aus. Aber einige knifflige Rätsel haben wir doch für Sie auf Lager. Der Kartenausschnitt zeigt den südlichen Teil Manhattans.

Gucken Sie genau!

1 Geben Sie auf der Karte Ihre Post auf.

2 Wie lautet die höchste Zahl, die auf der Karte dargestellt wird?

Große Namen

3 Finden Sie den Vornamen des US-amerikanischen Investors Buffett, dem »Orakel von Omaha«.

4 Zeigen Sie auf den Nachnamen einer blonden Popikone, die von 1926 bis 1962 lebte.

Für Sprachgewandte

5 Gehen Sie in das Gefängnis, begeben Sie sich direkt dorthin und gehen Sie nicht über Los!

Zum Querdenken

6 Welche grelle Farbe auf der Karte ist schwarz und doch nicht schwarz? Tipp: Wir meinen nicht »Green« oder »White«.

Wer weiß was?

7 Suchen Sie auf der Karte nach einer beliebten amerikanischen Sportart.

8 Welcher Londoner Stadtteil ist auf der Karte vermerkt?

9 Zeigen Sie auf die größte Stadt des US-Bundesstaats Pennsylvania.

UMGEKNICKT IM ESKIMODORF

Werter Gast, Passepartout hat sich ein paar Rippen geprellt und den Knöchel verstaucht, als er von großer Höhe aus dem Korb der »Aouda« hinabsprang. Er wurde sogleich von den Einheimischen in einen Iglu gebracht. Der Schamane des Dorfes wird sich um ihn kümmern. Leider wurde unser Fesselballon »Aouda« vom Polarsturm weggerissen. Aber wir haben doch Glück im Unglück: Der Hafen Upernavik liegt nicht weit von hier. Ein Eskimo wird uns mit seinem Hundeschlitten dort hinbringen, Passepartout muss jedoch vorerst im Eskimodorf bleiben, um sich vollständig auszukurieren.

EINGESCHIFFT IN UPERNAVIK

Nach einer anstrengenden Fahrt mit dem Hundeschlitten haben wir im Hafen der grönländischen Stadt Upernavik gerade noch die Brigg »Forward« des Kapitän Hatteras erreicht, auf der wir uns mit dem Ziel New York einschiffen konnten. Nun wollen wir uns erst einmal bei einer dampfenden Tasse Tee aufwärmen.

Aber etwas muss ich Ihnen noch berichten, dass Anlass zur Sorge geben könnte. Mir wurde in Upernavik von Lord Fauntleroy telegrafiert, dass uns in New York russische Agenten erwarten, die unsere Reise um die Welt zu sabotieren versuchen - damit nicht unsere hochverehrte Queen Victoria die Wette gewinnt, sondern deren übermütiger Zar Nikolaus. Halten wir also stets die Augen offen!

Schauen Sie, werter Gast, wir laufen bereits in den belebten Hafen von New York ein. Diese Figur dort - man nennt sie wohl »Freiheitsstatue« - wurde vor einigen Jahren den Amerikanern von den Franzosen zum Geschenk gemacht.

IM WILDEN WESTEN

Ein lautes Tuten der Dampflok, schon rattert der Santa-Fe-Expresszug von Kansas in Richtung San Francisco wieder los. Leider haben wir Passepartout noch nicht bei uns, aus dem Eskimodorf kann er uns keine Nachricht senden. Wenigstens wurden wir in New York aber auch nicht von russischen Agenten behelligt.

Doch, pst! Wer geht da gerade an unserem Abteil vorbei? Ein Mann mit mächtigem Vollbart und dicker Brille. Aber unverkennbar ist es doch die verdächtige Person, der wir schon auf der Ostsee begegnet sind. Diese Tarnung kann mich nicht täuschen. Seien wir also auf der Hut!

In San Francisco nehmen wir ein Schiff, das uns über den Pazifischen Ozean tragen wird – damit hätten wir auf unserer Weltumrundung schon einen guten Teil der Strecke zurückgelegt. Wenn nur Passepartout nicht so sehr fehlen würde! Wer kocht uns nun den Tee? Wer bindet mir die Schuhe?

BANDITEN!

Nanu, fallen da etwa Schüsse, während der Santa-Fe-Expresszug durch die Prärie dampft? Vom Fenster aus ist nichts zu sehen. Doch jetzt: Eine Gruppe von bewaffneten Reitern, die ihre Gesichter hinter Tüchern verbergen. Ich fürchte, diese Herren wollen uns ausrauben – oder gar Schlimmeres?

7

IRGENDWO IN AMERIKA

Heute besuchen Sie eine Gegend am Mystic River, die etwas ganz Besonderes ist - denn weder die Stadt noch den Fluss gibt es wirklich. Vergleichen Sie die beiden Karten und finden Sie die Unterschiede!

Häuser, Häuser, Häuser

1 Welches weiße Haus wurde auf der unteren Karte angestrichen?

2 Wo auf der unteren Karte wurde ein Neubau errichtet?

3 Und wo auf der unteren Karte wurde ein Haus abgerissen?

Stadt, Land, Fluss

4 Wo wurde auf der unteren Karte ein neuer Baum gepflanzt?

5 Was hat sich auf der unteren Karte am Rand des Flussufers verändert?

6 Welche Änderung gibt es auf der unteren Karte bei den Booten und Schiffen?

7 Wo sehen Sie auf der unteren Karte eine Spiegelung im Fluss, die dort nicht hingehört?

Buchstäblich unterschiedlich

8 Wo wurde auf der unteren Karte ein Straßenname verändert?

9 Welche Bezeichnung wurde auf der unteren Karte an eine andere Stelle gesetzt?

BANK ST.
PEARL
GRAVEL
MYSTIC RIVER.
FRONT
FRAZIER
FORSY
CHURCH ST.
WEST
MAIN ST.
FRONT ST.
HALLY ST.
WILLOW
COTTRELL ST.
MYSTIC RIVER.

PEARL
GRAVEL
MYSTIC RIVER.
FRONT
FRAZIER
FORSY
CHESS ST.
WEST
MAIN ST.
FRONT ST.
HALLY ST.
WILLOW
COTTRELL ST.
MYSTIC RIVER.

8

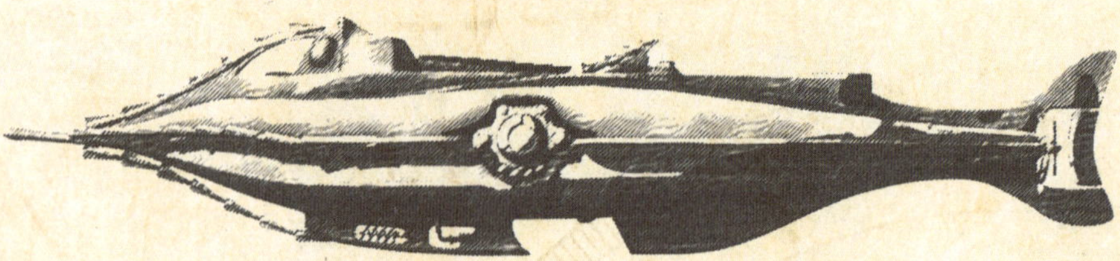

VON DER POLIZEI VERFOLGT

»Haltet sie, haltet die Diebe! Sie haben meinen Diamantschmuck gestohlen! Eine Kiste Wodka demjenigen, der die Diebe festhält!«

Wir sind den bewaffneten Reitern auf der Zugfahrt nur um Haaresbreite entkommen. Und nun beschuldigt uns der bärtige Russe am Bahnhof von San Francisco des Diebstahls. Rasch, werter Gast, wir müssen fliehen! Auf dem Polizeirevier würde sich sicher alles erklären lassen – aber es würde viel Zeit kosten, die wir nicht haben! Schnell, in diese Seitenstraße. Verbergen wir uns in einem Hauseingang. Da, unsere Verfolger laufen vorbei. Gerettet, zunächst ...

ÜBERRASCHUNG AM GOLDEN GATE

Inzwischen hat uns ein freundlicher Kutscher zum Golden Gate gebracht, der Meerenge bei San Francisco. Doch was sollen wir nun unternehmen? Wie kommen wir weiter? Wie gelangen wir auf eines der vorbeifahrenden Schiffe?

»Mein Herr! Mein Herr!«

Ach, wer ruft mich denn da? Es ist ... ja, es ist: Passepartout! Und worauf steht er? Auf der »Nautilus«, dem Unterseegefährt des Kapitäns Nemo.

»Kommen Sie, mein Herr und werter Gast! Monsieur Nemo ist so freundlich uns, wie sagt man, ein Taxi zu geben.«

8

STERNENHIMMEL ÜBER DEM PAZIFIK

Keine Großstadtlichter die stören, keine künstlichen Lampen, Stille rundum. Sie befinden sich inmitten des Pazifischen Ozeans und blicken in den klaren Nachthimmel. Die Sternbilder werden lebendig.

Für Sprachbegabte

1 Suchen Sie nach dem lateinischen Wort für »Krone« und gleichzeitig nach einem berühmten Virus.

2 In welchem Wort auf der Sternkarte steckt ein Wacholderschnaps?

3 Wo auf der Karte verbirgt sich eine Dame namens DONA DREAM? Bringen Sie die Buchstaben in eine andere Reihenfolge, um es herauszufinden.

Wer weiß was?

4 Entdecken Sie auf der Karte den Namen eines italienisch-schweizerischen Lago?

5 Welcher Name auf der Karte bezeichnet eine Gorgone – eine Schreckgestalt mit Schlangenhaaren in der griechischen Mythologie?

6 Die Bezeichnung welcher Mannschaftssportart lässt sich auf der Sternkarte lesen?

7 Nun finden Sie bitte die türkische Währung, nämlich die türkische …?

Zählen Sie mal!

8 Wie viele menschliche Hände sind auf der Sternkarte abgebildet?

ETE
TREANGOLO BOREALE
AQVARIO
CAVALLO PEGASEO
ANDROMEDA
CAVALLO MINORE
CIRCOLO DEL
CAPRI
EDVSA
DELFINO
PERSEO
TROPICO DEL
SAETTA
AQVILA
CIGNO
CASSIOPEA
CEFEO
LIRA
PARDOCAMELO
CIRCOLO ARTICO
POLO ARTICO
ORSA MINORE
ERCOLE
OFIVNCO
GGIORE
DRAGONE
CORONA
CANCRO
BOOTE
FIVME GIORDANO
CHIOMA DI BERENICE
SERPENTE DI OFIVNCO
LEONE
VERGINE
LIBR

9

REPUBLIQUE FRANÇAISE
POSTES
30F
1828 JULES VERNE 1905
PHEULPIN

EINIGE MEILEN UNTER DEM MEER

»Kommen Sie, mein Herr und werter Gast! Ich zeige Ihnen die Räumlichkeiten, die uns Kapitän Nemo zur Verfügung stellt. Aber eines muss ich sagen, die Küche ist ... miserable! Walrossfleisch und eingelegte Seegurken wollen sie einem hier auftischen. Merde! Non! Natürlich werde ich auch auf der »Nautilus« nach guter französischer Art für Sie kochen! Doch nun möchte Kapitän Nemo Sie kennenlernen.«

BEKANNTSCHAFT MIT KAPITÄN NEMO

Oh, ein imposanter Mann, dieser Kapitän Nemo. Ich frage ihn gleich mal, wohin die Reise geht: »Kapitän Nemo, seien Sie sich unseres herzlichen Dankes versichert! Es ist uns eine Ehre und große Freude zugleich, in Ihrem Unterseeboot mitreisen zu dürfen. Darf ich fragen, welches Reiseziel wir ansteuern?«

»Nun, nachdem ich Passepartout in Grönland und Sie und den werten Gast in den Vereinigten Staaten aufnehmen durfte, steht mir der Sinn nach etwas Neuem. Steuern wir mit der »Nautilus« also Neuseeland an!«

Nun, das klingt gut, werter Gast, nicht wahr? Das führt uns weiter auf unserer Reise um die Welt. Und in diesen Gewässern werden wir wohl auch kaum Gefahr laufen, den Russen oder sonstigem Ungemach zu begegnen. Nach den Strapazen in San Francisco werde ich mich nun erst einmal ein wenig ausruhen - ich kann mit dem Schafe zählen nicht bis Neuseeland warten.

»Passepartout, koche mir noch eine Tasse Tee, dann hilf mir beim Auskleiden! Es ist gut, dich wieder an meiner Seite zu wissen. Passepartout?« Der Gute ist in Ohnmacht gefallen, doch warum nur?

9

INSELSTAAT IM SÜDPAZIKIK: NEUSEELAND

Neuseeland, das in der Maori-Sprache Aotearoa heißt, ist ein fast 270 000 Quadratkilometer großer Inselstaat, der sich auf zwei Hauptinseln und über 700 kleinere Inseln aufteilt. Auf unserer Karte steht vor allem die Nordinsel Neuseelands im Fokus.

Zählen Sie mal!

1 Wie oft kommt auf der Karte – in ausgeschriebener Form – das Wort »Bay« vor?

2 Ein Blick durch die rosarote Brille: Zählen Sie alle rosa gefärbten Gebiete mit einer Nummer!

Für Sprachgewandte

3 Sind Sie hungrig? Dann suchen Sie nach einem englischsprachigen Koch.

4 Wo auf der Karte finden Sie einen Entführer?

Große Namen

5 Auch den Leadsänger der Band Queen können Sie auf der Karte finden, nämlich Freddie …? Der Sänger kommt sogar doppelt vor.

6 Entdecken Sie auf der Karte den Nachnamen eines berühmten britischen Admirals, der 1805 in der Schlacht von Trafalgar fiel. Gesucht ist die Stadt.

Wer weiß was?

7 Finden Sie einen US-amerikanischen Konservenhersteller, der vor allem durch ein berühmtes Werk Andy Warhols weltweit bekannt ist.

8 Auch der Name der größten Stadt Australiens ist auf der Karte vermerkt – doch wo?

9 Nun zeigen Sie bitte noch auf die Hauptstadt Neuseelands.

NORTH
ISLAND
Sydney to Auckland 1130 Miles
to S. Francisco 5956 Miles
North Cape
Parenga-renga Har.
Sandy B.
Rangaounou B.
Doubtless Bay
Wangaroa Hr.
Cavalli Is.
Bay of Islands
Ahaipara B.
Reef Pt.
C. Brett
Waimate
Russell
Wangape
Hokianga
Wangaruru Hr.
Hokianga R.
Poor Knights I.
Tutukaka
Monganui Bluff
Bream Hd.
Hen & Chickens
Moko hinou Is.
Wangari Har.
Wangari
Matakohe
Aiguilles Pt.
Port Abercrombie
Gt. Barrier I.
Alberland Settlement
Gulf of
Hauraki
C. Barrier
Kaipara Har.
Kawau
C. Colville
Cuvier I.
Orewa
Mercury Is.
Helensville
Waiheki
Coromandel Har.
Mercury B.
Auckland
Onehunga
Howick
Firth of Thames
Aldermen Is.
Manukau Har.
Papakura
Drury
Thames
Waiuku
Mercer
Whangamata R.
Bay of Plenty
Mayor I.
Waikato R.
Kati Kati R.
Tauranga Hr.
Motiti I.
Newcastle
White I. (Whakari)
Wangaroa Harb.
R. Waikato
Tauranga
Waikana Pt.
Maketu
Kawakawa
East Cape
Garnet I.
Mt. Hardy
Rangitukia
Kawia Harb.
Pirongia Mt.
Whakatane
Opotiki
Mt. Ikurangi
R. Waiapu
Albatross Pt.
Rangitoto
L. Rotorua
L. Tarawera
Mt. Edgecumbe
Open Bay
Tokomaru B.
Marakopa R.
Whare Orino Mts.
R. Rangitaiki
Anaura I.
Uawa
Tolago B.
Takapa
Waikoura
L. Taupo
Mokau R.
Waikari L.
Ormond
Gable end Foreland
Gisborne
Taupo
Orona
New Plymouth
Sugar Loaf Is.
Poverty or Turanga B.
L. Rotoaira
Tongariro
Mohaka R.
Clyde
Wairoa
Mohaka
Table C.
TARANAKI
Omata
C. Egmont
Mt. Egmont
Harriet B.
Ruapehu
Terakako or Mahia Pena.
Portland I. (Te Houra)
Pipiriki
Ahuriri Har.
Napier
Hawke Bay
Clive
Kidnapper Pt.
Havelock
Waimarama
Waimate
R. Patea
Wanganui
Manawarakan
R. Turakina
Bulls
Norsewood
R. Rangitiki
Palmerston
Black Hd.
C. Turnagain
Manawatu
Foxton
Pahietua
Hekitiho
Ohehonge
Otaki R.
Kapiti I.
Opaki
Waikanai
Carterton
Matai-kana
Castle Pt.
Porirua Har.
Wairarapa
WELLINGTON
Flat Pt.
Port Nicholson
Palliser B.
Hokorewa
C. Palliser or Kawa Kawa
C. Farewell
Blind Bay
COOK'S STRAIT
C. Stephens
Collingwood
Massacre Bay
D'Urville I.
Admiralty B.
Pepin I.
Croiselles Har.
Nelson
Picton
Cloudy B.
Boxhill
Wairau R.
Blenheim
MARLBOROUGH
C. Campbell
Ben Nevis
R. Buller
Ben More
Mt. Kaikora
NELSON
Mt. Franklin
Looker-on Range
Big R.
Wellington

10

KAUM SAUERSTOFF MEHR

Keine guten Nachrichten, werter Gast! Kapitän Nemo hat uns soeben übermittelt, dass die Sauerstoffversorgung an Bord der »Nautilus« gestört ist. Auftauchen können wir momentan nicht, da an der Wasseroberfläche gerade ein wilder Sturm tobt. Da hilft nur: Ruhe bewahren, ruhig atmen, Anstrengungen vermeiden. Passepartout fällt das natürlich sehr schwer, ständig möchte er irgendwo helfen, anpacken oder herumturnen. Deshalb ist er in Ohnmacht gefallen.

»Mein Herr, wo bin ich? Warum ... ich bekomme schlecht Luft ... was ist geschehen?«

Ah, Passepartout ist aus seiner Ohnmacht erwacht. »Bleibe ruhig, Passepartout, nur ein kleines Problem mit der Sauerstoffversorgung. Kapitän Nemo bekommt das sicher bald in den Griff, denn kaum vorstellbar was wäre, wenn nicht ...«

ALARM AN BORD DER »NAUTILUS«

Doch hört! Nun geht plötzlich eine laute Sirene, blinkende rote Lampen. Der Alarm tönt durch das gesamte Unterseeboot. Jemand ruft: »Mehrere Explosionen achtern, Kapitän Nemo! Feuer! Und ein Leck!«

Was ist da geschehen? Und vor allen Dingen: Was wird mit uns geschehen? Ein Leck bedeutet doch, Wasser dringt in die »Nautilus« ein. Gerade ist Kapitän Nemo mit besorgter Miene an uns vorbeigerannt, ohne uns auch nur zuzunicken. Die gesamte Besatzung der »Nautilus« scheint in Panik zu geraten. Rette sich, wer kann?

10

ERKENNEN SIE DAS ASIATISCHE LAND?

Asien ist der mit Abstand größte Kontinent der Erde und verfügt über viele große und kleine Staaten. Doch erkennen Sie die abgebildeten asiatischen Länder auch anhand ihrer Umrisse? Ordnen Sie die Textbeschreibungen korrekt zu!

1 Bei diesem asiatischen Land handelt es sich um das nach der Gesamtfläche viertgrößte Land der Erde.

2 Die Hauptstadt dieses asiatischen Landes heißt Jakarta.

3 In diesem asiatischen Land sind rund vier Fünftel der Bevölkerung katholisch.

4 Gewaltfreier Widerstand führte dieses asiatische Land im Jahr 1947 in die Unabhängigkeit. Die parlamentarische Republik besteht aus 28 Bundesstaaten.

5 Bei diesem Land handelt es sich um den einzigen Binnenstaat in Südostasien.

6 Der erste Präsident der in diesem ehemaligen Königreich 2008 ausgerufenen Republik hieß Ram Baran Yadav.

7 Dieses asiatische Land hat Grenzen zu Indien, China, Afghanistan sowie zum Iran.

8 In diesem asiatischen Land gibt es im Durchschnitt nur zwei Bewohner auf einen Quadratkilometer – es ist der am dünnsten besiedelte Staat der Erde.

9 Die Währung dieses asiatischen Landes ist der Dong (Đồng).

10 In der Landessprache heißt die Hauptstadt dieses asiatischen Landes Krung Thep.

A

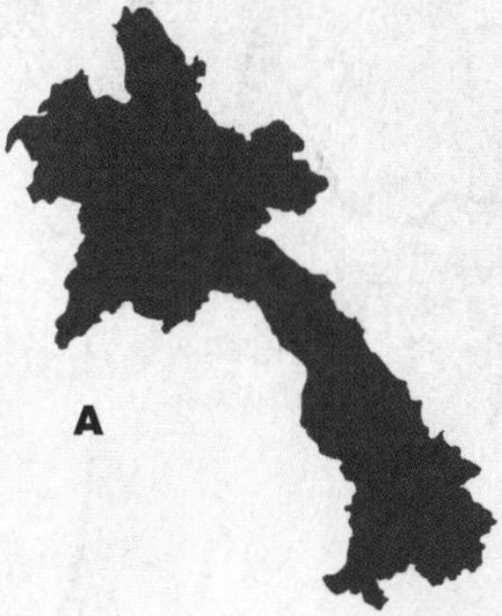

B

C

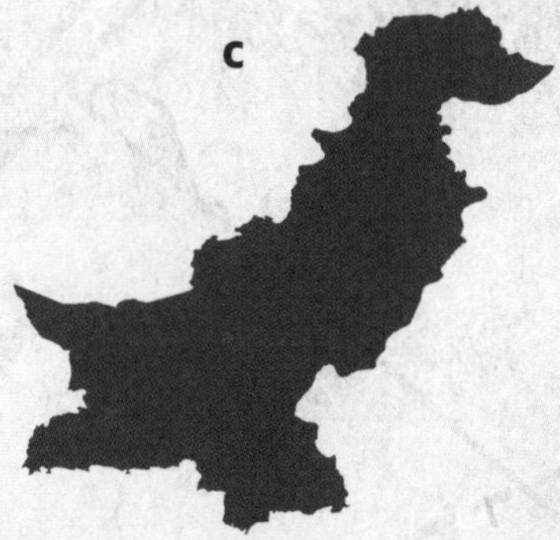

D

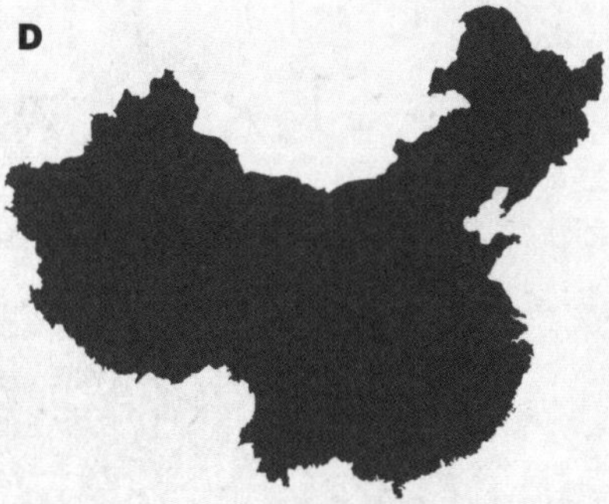

E

F

G

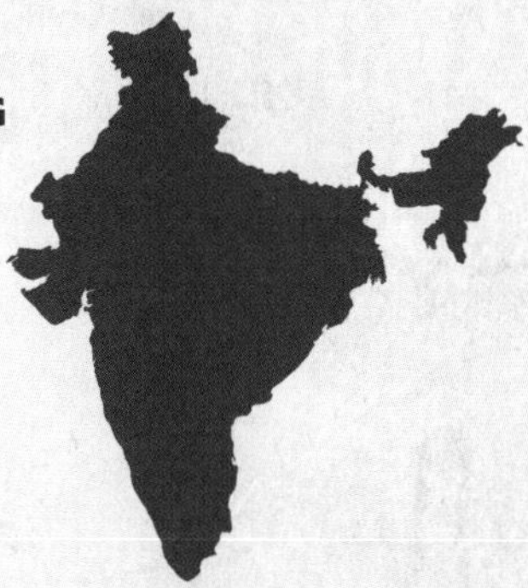

H

I

J

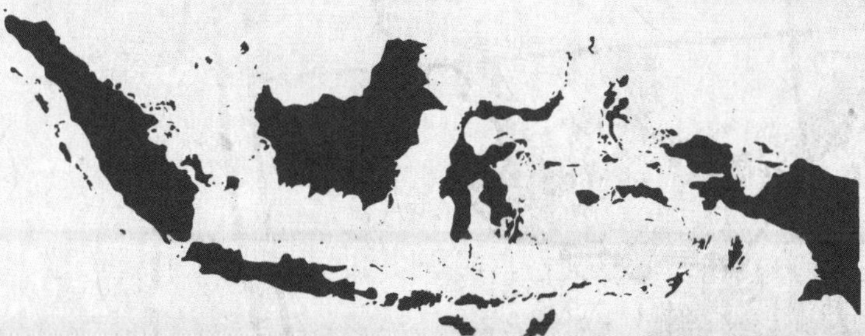

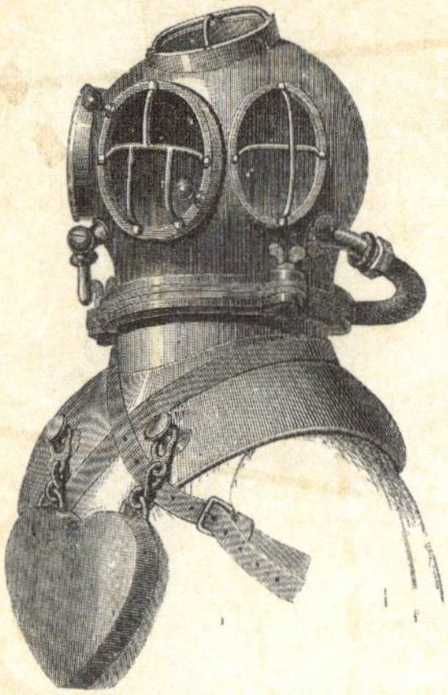

11

AM BODEN DES OZEANS

Es tut mir sehr leid, werter Gast, dass das nun nicht gerade eine ruhige Fahrt ist. Doch eine gute Nachricht hat Kapitän Nemo uns eben überbracht. Die Sauerstoffversorgung ist wieder in Gang gekommen und der Saboteur - ein Russe namens Igor Grusellkoff - wurde festgesetzt. Wollen Sie auch die schlechte Nachricht hören? Nun ja, wir befinden uns am Meeresboden, irgendwo in den Gewässern des Malaiischen Archipels. Die Maschinen laufen nach den Explosionen nicht mehr. Grusellkoff scheint ganze Arbeit geleistet zu haben.

»Passepartout, biete Kapitän Nemo deine Unterstützung an! Vielleicht kann er jemanden mit deinem Geschick und deiner Beweglichkeit für die Reparaturen gebrauchen.«

Wir, werter Gast, wollen solange eine Tasse Tee trinken. Ich möchte berechnen, welche Strecke wir bereits zurückgelegt haben.

PASSEPARTOUT VERLÄSST DAS BOOT

Einige Stunden ist Passepartout nun schon weg. Vielleicht ist er Kapitän Nemo ja eine große Hilfe? Aber, was ist denn das? Durch das Bullauge erblicke ich Passepartout in einem dieser modernen Taucheranzüge. Er hat die »Nautilus« verlassen und scheint an der Außenseite irgendwelche Reparaturen vorzunehmen.

Doch da nähert sich ihm ein großes Ungeheuer, ein gigantischer Hai! Passepartout bemerkt ihn nicht. Wie können wir ihn warnen? Jetzt ist der Hai nur noch wenige Meter von meinem Diener entfernt. »Passepartout! Passepartout!«

11

DIE INSELSTAATEN SÜDOSTASIENS

Indonesien und die Philippinen zählen zu den größten Inselstaaten der Erde. Statten Sie diesen heute einen sonnigen Besuch ab. Links oben auf der Karte sehen Sie übrigens auch noch die Südspitze von Kambodscha und Vietnam.

Zählen Sie mal!

1 Wie oft zählen Sie auf der Karte das Wort »Pulo«?

2 Zählen Sie auf der Karte alle Wörter, die zwei Konsonanten (also z. B. »ll«, »tt« usw.) enthalten.

Zum Querdenken

3 Wo auf der Karte wurde ein englischsprachiges Paket zu sehr geschüttelt?

4 Streichen Sie ein »t«, so erhalten Sie eine amerikanische Milliarde.

5 Haben Sie die Milliarde eingestrichen? Dann zahlen Sie diese nun auf eine italienische Bank ein.

Wer weiß was?

6 Suchen Sie auf der Karte den in der Landessprache geschriebenen Namen der Hauptstadt Italiens.

7 Zeigen Sie auf die Hauptstadt der Philippinen. Achtung: Der Name wurde auf Französisch geschrieben.

8 Finden Sie auf der Karte eine 1995 von Sun Microsystems veröffentlichte – und auch heute noch viel genutzte – Programmiersprache.

9 Entdecken Sie auf der Karte die Schwester von Prinz Charles?

Yaitcheu
Tigres
les Lunelles
LUÇON
Manille
ISLES
PHILIPPINES
Caceres
Paracel
Mindoro
Samar
Calamianes
Masbaté
Panay
Leyté
Caravan
I. Basse
Bonten
Ciampa
Paragoya
Bulgas
Pulo Sapata
MINDANAO
Mindanao
Pulo Condor
Bengué
B. de Ste Anne
Iolo
Sable
I. de Ste Marie
Pulo Tigan
Banc de Roche
Borneo
I. de St Jean
Sanguin
Calanda
Natuna
Gilolo
Sambas
BORNEO
Ternate
Timoelan
Soné Napor
Lava
Ialoe
Pargé
Makian
Lanola
Cottel
Iali
Santang
Komenting
Sulla
Passir Brava
Sucadana
Negara
Mancaenblanca
Metapura
CELEBES
ISLES
Moranpiow
Bendermassin
Burro
Billiton
Pulo-Läut
MOLUQUES
Tello
Macassar
Bouton
Salayer
LA SONDE
Iapara
Madura
Batavia
Tsieribon
Roma
JAVA
Bali
Cumbava
Materan
Balambuam
Flores
Moa

12

ANKUNFT IM GOLF

»Meinen Dank, Passepartout! Durch deinen Einsatz konnte die »Nautilus« wieder flott gemacht werden. Und toll, wie du den Hai mit deinen Kunststücken übertölpeln konntest!«

Inzwischen befinden wir uns mit der »Nautilus« im Golf von Bengalen. Ab hier werden wir nun den Landweg quer durch Britisch-Indien einschlagen, wobei wir Aoudas Verwandten aber lieber keinen Besuch abstatten werden, nach dem, was wir auf unserer letzten Weltreise in Indien erlebt haben.

Werter Gast, gehen wir uns nun von Kapitän Nemo verabschieden, der so großzügig war, uns rasch über den Pazifischen Ozean hinweg zu befördern.

GRUSELLKOFF ENTKOMMT

Endlich wieder festen Boden unter den Füßen! Kapitän Nemo fragt uns, was er mit dem russischen Saboteur Grusellkoff anstellen soll. Die Explosionen hat er ausgelöst, um die Wette zwischen unserer Königin Victoria und Zar Nikolaus zugunsten des Zaren zu entscheiden. Woher er wohl davon erfahren hat? Und wer hat ihn beauftragt? »Führt ihn her, damit wir ihn befragen können!«

Ah ja, da bringen sie ihn schon. Seine Hände sind mit einem Strick hinter seinem Rücken gefesselt. Doch jetzt ... er scheint sich aus den Fesseln befreit zu haben ... schlägt seine Bewacher links und rechts k. o. ... flieht, der Tunichtgut! Hoffentlich wird uns Grusellkoff nicht mehr in die Quere kommen, aber ein gutes Gefühl habe ich nicht bei dieser Sache.

12

IM LABYRINTH VON BENGALEN

Stellen Sie sich vor: Sie sind am Steuer eines Schiffes im Golf von Bengalen – Sie erkennen es ganz unten auf der Karte an der roten Flagge. Der Kapitän gibt Ihnen einige Befehle, um durch das Labyrinth im Delta des Ganges zu steuern. Können Sie alle Befehle nachvollziehen?

1 »Die Segel gehisst und nordwärts, westlich vorbei an der Insel de Galle und weiter nordwärts in den Hugly River!«

2 »Passieren Sie die Insel mit dem Ort Hugly östlich; wendet sich der Fluss nach Westen, folgen Sie dem Verlauf bis kurz vor Muzapour und steuern dann in nordöstlicher Richtung!«

3 »Mit Einfahrt in den Ganges geht es weiter in Richtung Südost, wobei Sie sich stets am steuerbordseitigen Flussufer halten!«

4 »Kommt Sialterapour in Sicht, steuern Sie das Schiff in nordöstlicher Richtung!«

5 »Gelangt das Schiff zur Insel Cassempoer, geht es weiter in Richtung Nordnordwest!«

6 »Umrunden Sie die Insel mit den Orten Sonnergam und Salbet, halten Sie das Schiff dabei stets in der Nähe des Flussufers, das Backbord liegt!«

7 »Erneut bei der Insel Cassempoer angekommen, steuern Sie nach Osten und immer an der steuerbords gelegenen Insel mit dem Ort Ieffery entlang!«

8 »Passieren Sie die Enge zwischen den vier Richtung Süden gelegenen kleinen Inseln. Zu welcher Insel gelangen Sie abschließend?«

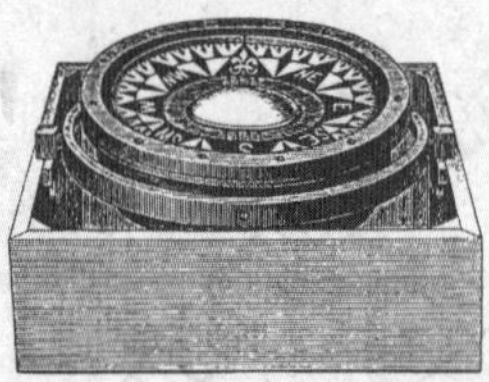

H E = R I C H
I N G D O M
O F
E N G A L
TIPERA = PARS
THE BAY OF BENGALA.
Bhareitella
Malda
Thanda
GREATE
Dona pour
Camera
Mossimabase
Ballegatte
Moxudabath
Cassumbazar
Sidabad a Citty
Borna Serei
Donepour
Plasie
Hodia
Nudia
Rangemattie
Ordapour
Bickibaat
Nnda
Berduan
Muzapour
Tripine
Shandaracour
Sinabat
Sillimabath
Demecolly
Pondua
Cannacall
Hugly
Thana
Balagure
Burda
Singur
Medinapour
Bussindre
Monlegat
Cashare
R. Patraggatta
Hugly R.
Narringur
Dantam
Hingely
Narsingpoer
Piply
Tellesore
Salt R.
L. Rogue
I. de Galle
Brasses
Kenea
P. Palmiras
Ceerpourmirts
Harwa
GANGES
Gorregaet
Tessindia
THE GREATE
Handiael
Siongell
Sasiadapour
Salbet
Sonnergam
BARREN
POERTER
Bellia
Dacca
Dachpoer
Sialtera pour
Noriocll
Ieffery
Bacca la
Sundiva
Pagode
Ceerpoertoigy
Barnagur
Boessna
Fattapour
Iessoor
Nutte Banglar

13

AUF DEN ELEFANTEN GEKOMMEN

Wie auch bei unserer letzten Reise um die Welt reiten wir nun also wieder auf einem Elefanten. Zusammen mit unserem Elefantenführer Amar sitzen wir auf dem Elefantenbullen Hathi, der sich mühelos seinen Weg durch das Dickicht des indischen Dschungels bahnt.

»Wie weit mag es noch sein bis zur nächsten Stadt, Amar?«

»Noch ungefähr fünfmal eine Stunde, Sahib.
Wenn nichts Unvorhergesehenes geschieht ...«

Nun, Grusellkoff zumindest wird uns hier wohl nicht auf den Fersen sein. Dann schon eher ein wilder Tiger, der ... oder ... wer ruft da?

»Anhalten – und zwar sofort! Runter von dem Elefanten!«

AUF EINEM INDISCHEN POLIZEIPOSTEN

»Ein gewisser Grusellkoff soll uns bezichtigt haben, eine Pagode widerrechtlich betreten zu haben? Gestatten Sie, dass ich da ein wenig lachen muss, Herr Kommissar!«

»Lachen ist hier nicht angebracht. Die Tat wiegt schwer. Bis die Untersuchung abgeschlossen ist, müssen wir Sie und Ihre Mitreisenden leider in Haft nehmen. Nilay, führ sie jetzt ab!«

Das klingt gar nicht gut, werter Gast! Wollen wir doch mal sehen, inwieweit uns unsere sportlichen Boxkünste hierbei weiterhelfen. »Passepartout, wir müssen fliehen! Nimm du dir diesen Nilay vor, ich werde meine Anstrengung dem guten Kommissar widmen!«

KNUFF! BUFF! ZOFF!

13

EXOTISCHE NAMEN IN INDIEN UND SRI LANKA

Indien und die Insel Sri Lanka - früher Ceylon - sind faszinierende Länder voller Exotik. Hier steckt der Tiger nicht im Tank, sondern im Dickicht der Wälder. Ziehen Sie Ihren Tropenhelm auf und unternehmen Sie eine spannende Expedition.

Gucken Sie genau!

1 Finden Sie auf der Karte den Städtenamen Madras.

2 Stöbern Sie auf der Karte entlang der Küsten und Inselwelten nach der italienischen Stadt Padua.

Zum Querdenken

3 In dieser Stadt würde ein Engländer am ehesten nach Süßigkeiten suchen.

4 Fahren Sie rückwärts in den »Flug« ein.

Wer weiß was?

5 Zeigen sie auf die De-facto-Hauptstadt des heutigen Sri Lanka.

6 Wer soll der Legende nach einen Drachen getötet haben?

Zählen Sie mal!

7 Wie viele ausgeschriebene »River« (Flüsse) entdecken Sie auf der Karte?

8 Finden Sie alle Bezeichnungen auf der Karte, die auf »pour« enden. Auch angeschnittene Wörter zählen mit.

INDOSTAN
GREAT
MOGUL
INDIA
K. OF CAMBAYA OR GUZURAT
AGRA
GUALEOR
NARVAR
MALVA
PATNA
MEVAT
JESVAT
CHITOR
CANDICH
BERAR
DECAN
BAGLANA
BALAGATE
K. OF ORIXA
JAGRENAT
K. OF GOLCONDA
K. OF CIACOLA
CON CAN
K. OF VISAPOUR
K. OF CANARA
K. OF CARNATA
K. OF MAISSOUR
K. OF GINGI
MALABAR
K. OF MADURA
K. OF TANJOUR
CHOROMANDEL
I. OF CANDY
CEYLON
Gulf of Cambaya
Surat
Daman
Bombay I. to Eng.
Goa I. to Por.
Dabul to Eng.
Visapour
Golconde
Masulipatan E.&D.
Madras or Fort St. George
St. Thomas or Meliapour
Pondicheri F.
Fort St. Davis E.
Porto Nova D.
Trankebar Danish Fort
Negapatan D.
Calicut to E.
Cochin D.
C. Comorin
Mamala Is.
Trinquimale
Trinquimale Bay
Batacalo Fort
Batacalo Bay
Colombo
Pic d' Adam
Cape Port & Town of Gallo
This Country produces Diamonds & other precious Stones
No part of the great plenty of the best Water in Golconda.

14

SEEKRANK IN DER WÜSTE

Wenn ich mich so äußern darf, werter Gast: Der Elefant ritt sich bequemer. Aber momentan bleibt uns nichts anderes übrig, als in der Kamelkarawane des Ali Abdulla mitzureiten. Oder soll ich sagen: zu schaukeln? Und das in dieser schier unerträglichen Wüstenhitze.

»Passepartout, ich fühle mich durch das Geschaukel des Kamels etwas seekrank. Bitte Ali Abdulla, eine kleine Pause einzulegen, und bereite mir und unserem werten Gast eine Tasse Tee zu!«

»Sehr wohl, mein Herr, ich werde sofort zu Ali Abdulla reiten und ihm eure Bitte mitteilen.«

KEIN WASSER MEHR!

Passepartout reitet schon wieder zurück. Sein Gesicht zeigt Besorgnis. »Was ist denn los, Passepartout?«

»Mein Herr, mein Herr! Ihr Tee, ich kann ihn nicht zubereiten ... wir haben kein Wasser mehr! Jemand hat alle Wasserschläuche zerstochen. Fast all unsere Wasservorräte sind ausgelaufen. Und bis zur nächsten Oase, so sagt Ali Abdulla, sind es noch knapp 50 Meilen.«

Die Wasserschläuche zerstochen. War da wohl wieder dieser Grusellkoff am Werk? Wie sollen wir nur die 50 Meilen ohne Wasser und ohne Teepause durch die Wüste schaffen? Wenn es wenigstens nur Kilometer wären!

14

MIT DEM WÜSTENSCHIFF DURCH PERSIEN

Heute reiten Sie auf einem Kamel durch Persien - den heutigen Iran. Entdecken Sie mit Ihrer Karawane spannende Orte, eine Person und sogar einen Actionhelden in diesem früheren Weltreich.

Zählen Sie mal!

1 Zählen Sie alle Städtenamen auf der Karte, die mit »Ko« beginnen – aber natürlich nur, wenn Sie sich nicht k.o. fühlen!

2 Haben Sie Lust auf eine Bergtour? Wie viele »M.t« (Mount) oder »M.ts« (Mounts) zählen Sie auf der Karte?

Gucken Sie genau!

3 Susan hat sich in Persien verlaufen. Finden Sie sie!

4 Entdecken Sie auf der Karte die Ruinen von Persepolis.

Für Sprachgewandte

5 Wo auf der Karte liest ein Engländer »Indisch«?

6 Welche Großstadt verbirgt sich hinter dem Anagramm BEERUSH?

Wer weiß was?

7 Finden Sie auf der Karte einen Film mit Sylvester Stallone in der Titelrolle.

8 Streichen Sie den letzten Buchstaben und unternehmen Sie auf der Karte eine Großwildjagd.

ISPAHAN
Nooshkynoon
Nejjufabad
Jeeran
Koopah
Mooshkynoon
Nadir Shool
Gutchkoo
Augdeh
Tafta
Charbashee
Andakau
Yuzdawa
Yezd
Kooma
Cav
Mayar
Isbeh
Koomeshah
Talkhoon
Koombaoon
Taghoon
Coree
Isfertan
Simiroon
Pellant
Susan
Aminadab
Yezdikhast
Kharashar
Tuft
Deh Shaheh
Algabad
Abarkoh
Beda
Aberkouh
Umahar
Kishlak
Saka
Soolgistan
Abadeh
Gooshkar
Surmek
Ekleed
Khona Khora
Delinuzar
Kurtgiguchy
Dehbeid
Koushki Zerd
Osepus
Kishlak
Ghazion
Moorgaub
Oujan
Pasargadæ
Iman Zada
Maveen
Kemeen
Sivend
Ruins of Persepolis
Kanara
Shemseroon
Sultanabad
Tang Barargh
Safaria
Sadaut
Durr
Old Dorak
Tongtakoh
Babahan
Chom
Indian
Zeitoon
Wooly
R. Tab
Charkanaru
Dogumbazun
Basht
Sir Abe Seer
Iman Hussan
Hussan Khan
Kumarjidge
Kazeroon
Khisht
Ghonarro
Khana Zeman
Giguin Zergoon
SHIRAZ
Vazirabad
Doulatabad
Cowall
Mahlu
Kanan
Bakhtegan
Khan-e-Zerd
Nires
Muzar
Koonsar
Kurrah
Meenam
Killahe Aga
Kabutur Khana
Pa Killah
Shubri Babaheg
Savona
Eig
Derakan
Kahun
Koseiabad
Rostak
Burazjoon
Shaef
Ali Chungee
Busheer
Meer Abdullah
Halilah
Ahram
Khailluma
Gra
Cowall
Taderwan
Servistan
Kerm
Fasa
Zahedan
Nasrubad
Derabgerd
Langeroo
Bash Goom
Majuk
Firozabad
Chah Kuch
Bizdan
Bashee
Sehu
Sar Mashuk
Birmey
Jarom
Deh Keir
Iman Zadeh
Forg
Djebel
Cogoon
Jayrah K.
Euer
Mt. Dring
Ras Khann
Zatal
Mousar
Tarree
Robat Ma
Vebreen
C. Verdistan
Congoon
Banara
Yezdikhast
Tarem
Ais Zeraue
Behree
Pelengon
Sultan
Maloo
Tauree
Baruck
Deh-koh
Lar
Samsongeen
Guhry
Kowerestan
Getchi
Nackde Chassy
Nabon C.
L A R I S T A N
Tangedelon
Goorbazergoon
Bunder Abb
Sheneu
Nackiloo
Cheroo
Charrack
Cammer
Bunder Mallum
Djird
Magoo
Busheab I.
Inderabia
Kaish
Polior I.
Bostana
Surdy I.
Basman I.
Boo Alli
Rocky Banks
El Katiff
Ras Tanhora
Ras Recan
Bahrein I.
Edlume B.
Zabara
Hanlool I.
Ras Mutbuch
Ufzan B.
Es Elwah Bay
El Biddah
Sharja
Dehai
P E R S I A N   G U L F
F A R S
I S P A H A N
Y E Z D
BAKTIARI Mts
Mts of Ayas
R. Zendarood
R. Jerrahi
Rashed
Haraun
Rabat
Fida

15

DER ZUG KOMMT NICHT

Dank der Fahrräder konnten wir den Fährdampfer von Calais nach Dover gerade noch rechtzeitig erreichen und rasch übersetzen. Um 12 Uhr Mittag müssen wir London erreichen, um die Wette zu gewinnen. Jetzt ist es bereits 9.21 Uhr. Der Eilzug nach London sollte genau jetzt losfahren, doch ist er noch nicht einmal im Bahnhof eingetroffen. Aber hören Sie, es ertönt eine Durchsage: »Wegen einer wichtigen Sonderzugfahrt muss der Eilzug nach London leider entfallen!«

O nein! Und nun? Nanu, wer ...? »Lord Fauntleroy!«

»So ist es, Mister Fogg. Darf ich Sie, Passepartout und den werten Gast zu uns in den Sonderzug »Victoria« bitten?«

»Aber natürlich, wir folgen Ihnen, Eure Lordschaft. Aber Sie sagten »zu uns«?«

EIN KÖNIGLICHES ENDE

»Setzen Sie sich auf eine Tasse Tee zu mir, Mister Fogg! Sie, werter Gast, und Passepartout sind natürlich ebenfalls eingeladen.«

»Kö...Kö...Königin Victoria! Welche Ehre!«

»Nun, ich dachte mir, dass wir dieses letzte Abenteuer, die Fahrt nach London, gemeinsam bestreiten könnten, finden Sie nicht auch? Und bei dieser Gelegenheit habe ich ein wertvolles Geschenk für Sie drei: den Koh-i-Noor, den wohl größten Diamanten der Welt. Im Tower von London liegt nur mehr eine fein ausgearbeitete Kopie, aber das wird schon niemand bemerken. Lord Fauntleroy, geben Sie das Kommando für die Abfahrt! Wir haben in London um 12 Uhr eine Verabredung mit dem Zaren Nikolaus, die wir nicht verpassen wollen.«

24

TEATIME IN LONDON

London wurde im Jahr 50 nach Christus von den römischen Eroberern gegründet und »Londinium« genannt. Vom 17. bis ins 20. Jahrhundert wurde von hier das »Britische Weltreich« gelenkt. Nun, Weltreiche vergehen, die Karten bleiben – und knifflige Aufgaben dazu.

Gucken Sie genau!

1 Zeigen Sie auf den Standort des Buckingham-Palasts.

2 Als Nächstes besuchen Sie den Tower von London.

Für Sprachgewandte

3 Ob auf diesem Hügel wohl Primeln angepflanzt werden?

4 Hoffentlich kein Corona! Wo sehen Sie ein englisches »Fieber«?

Wer weiß was?

5 Wo erlitt Napoleon Bonaparte 1815 eine vernichtende Niederlage, die zu seiner Abdankung führte?

6 Zeigen Sie auf die Straße, die wie der Stadtteil heißt, in dem Jack the Ripper von 1888 bis 1891 bis zu elf Prostituierte ermordet haben soll.

7 Finden Sie auf der Karte eine englische Automarke, die bereits im Jahr 1857 als Maschinenfabrik gegründet wurde.

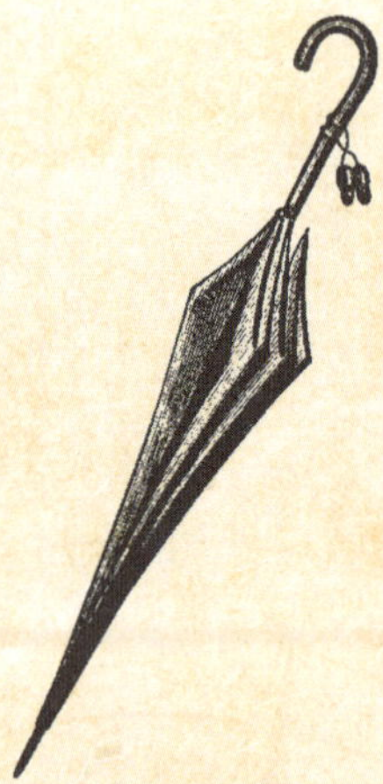

Zählen Sie mal!

8 A Walk in the Park: Wie oft zählen Sie das Wort »Park« auf dieser Karte?

9 Besuchen Sie die City: Wie viel Mal kommt auf der Karte »City« in ausgeschriebener Form vor?

City Prison
Kentish Town
Haverst. H.
Kingsland
Hack. Downs
Canonb.
Dalston Lane
Hackney
Chalk Farm
Camden T.
Highbury
Dalston
Homerton
HACKNEY
Square
London Fields
Zoolog. Gardens
Regents
Agricult. Hall
KINGS CROSS
ST. PANCRAS
EUSTON STA.
Park
Gower St.
Shoreditch
Hackn. Rd.
Victoria
Bethn. Gr.
Junct.
Univ. Coll.
Portland Rd.
Farringd.
Broad Str.
LIVERP. STR.
Holborn V.
TOWER
Stepney
Cannon St.
Fenchurch Str.
Lond. Univ.
CHARING CROSS
Temple
Somerset H.
Tower
London Dock
Hyde P. Corner
UPPER POOL
Tunnel
WATERLOO
LONDON BR.
ROTHERHITHE
SOUTHWARK
Ho. of Parliament
VICTORIA
Lambeth Pal.
Spa Rd.
Elephant & Castle
Brickl. Arms
Pimlico
Bermondsey
LAMBETH
Oval
Kenington Park
Walworth Rd.
Old Kent Rd.
Battersea Park
Sth. Lambeth
CAMBERWELL
Camberwell New Rd.
Peckham
Stockwell
Denmark Hill
Telegraph H.
Wandsworth Road
Loughboro.
Nunhead
Clapham Junct.
Brixton
Peckham Rye
Clapham Common
Red Post H.
Champion Hill
BRIXTON
N. Dulwich
Herne Hill
East Dulwich
One Tree Hill
Balham
Brixton Hill
Brockwell Pk.
Camberwell Cem.
Tulse Hill
Dulwich
Honor Oak St.
Wandsworth Common
Dulwich Park

1

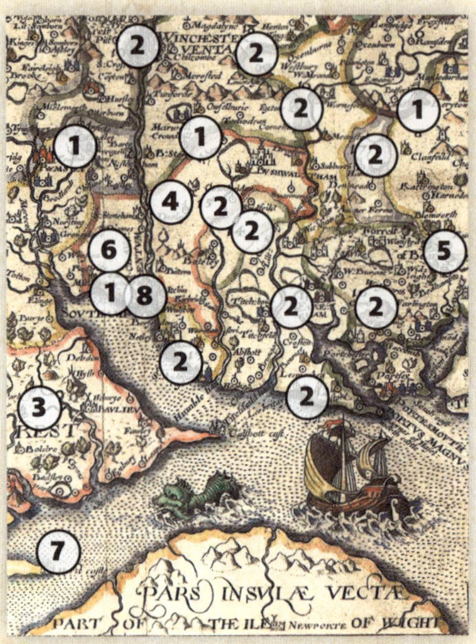

Good old England

1 Vier Ortsnamen auf der Karte enden auf »hill«. Haben Sie alle entdeckt?

2 Addieren Sie im Kopf die auf der Karte abgedruckten Zahlen von 10 bis 19, so erhalten Sie die Summe 145.

3 »Rest« ist das englische Wort für »Ausruhen«.

4 RUDELY ist ein Anagramm der Ortschaft Durley – ein kleines Nest, das auch heute nur etwa 1000 Einwohner hat.

5 Haben Sie den »Bear« im Karteneintrag »Forrest of Beare« entdeckt? Bärenstark!

6 Winston Churchill lebte von 1874 bis 1965. Von 1940 bis 1945 und von 1951 bis 1955 war er britischer Premierminister.

7 Das Artilleriefort Hurst Castle ließ in der Mitte des 16. Jahrhunderts kein Geringerer als König Heinrich VIII. – ja, der mit den sechs Ehefrauen – errichten.

8 Southampton ist eine bedeutende Hafenstadt tief im Süden Englands. Die Stadt zählt über eine Viertelmillion Einwohner.

EINE HERDE VON SCHAFEN

Der Motorwagen hat uns jetzt schon über viele hundert Kilometer getragen. Er ähnelt einer schnellen Pferdekutsche, nur dass die Fütterung nicht mit Hafer, sondern einer übelriechenden Flüssigkeit erfolgt. Ob das wohl Zukunft hat?

»Wir sind in Frankreich, deiner Heimat, Passepartout! Hier sollte uns niemand mehr Steine in den Weg legen können. Oder was meinst du?«

»In Frankreich sind wir vor den russischen Saboteuren sicher, mein Herr! Aber: Bremsen Sie doch! Sehen Sie denn nicht die vielen Schafe?«

HOCH ZU RAD

Uff, Glück gehabt! Wir konnten der Schafherde gerade noch ausweichen, sind dafür allerdings mit unserem Motorwagen von der Straße abgekommen. Hm, wie bedauerlich: Die Achse ist gebrochen. Den Schaden zu beheben haben wir keine Zeit. Doch von hier ist es nicht mehr weit bis Calais. Aber wie gelangen wir dorthin? Sollten wir so kurz vor dem Ziel doch noch die Wette verlieren, die unsere geliebte Königin Victoria mit dem russischen Zaren Nikolaus abgeschlossen hat?

»Was bringst du denn da, Passepartout? Etwa schon wieder so eine neue Erfindung?«

»Ja, mein Herr, man nennt diese Erfindung »Sicherheitsniederrad«, eine Weiterentwicklung des bekannten Hochrads.«

Nun gut, wenn es denn sein muss: Schwingen wir uns beherzt auf den Sattel, werter Gast!

23

LÄNDERPUZZLE FRANKREICH

Vor einigen Jahren wurden mehrere französische Regionen miteinander vereint. Historische Regionen wie das Elsass oder Burgund gibt es seither offiziell nicht mehr. Können Sie die folgenden alten Regionen Frankreichs ihren Umrissen zuordnen?

1 Bretagne

2 Provence-Alpes-Côte d'Azur

3 Burgund

4 Basse-Normandie

5 Korsika

6 Picardie

7 Elsass

8 Midi-Pyrénées

9 Limousin

10 Aquitanien

A

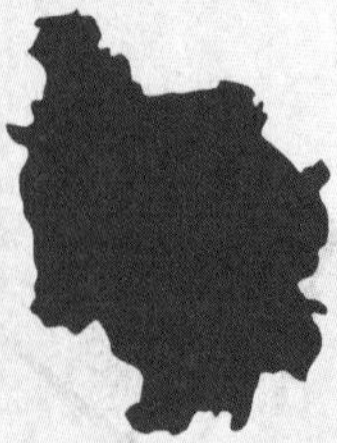

B

C

D

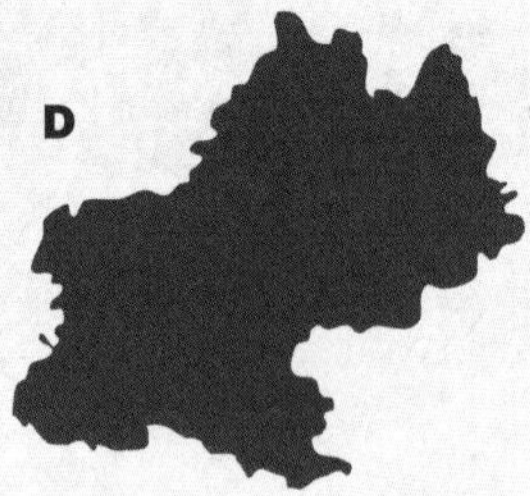

E

F

G

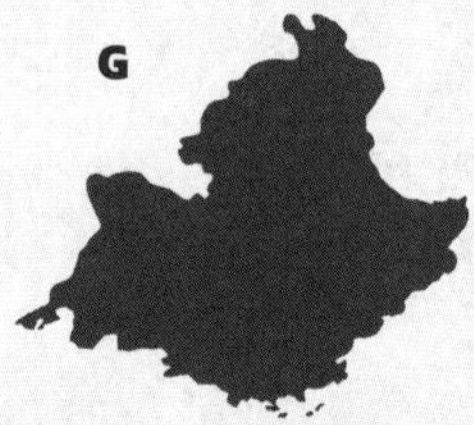

H

I

J

24

SEGEN AUF ALLEN WEGEN UND WAGEN

Wer hätte das gedacht? Wir mussten dem Papst von unseren Abenteuern berichten. Und derer gab es ja bereits gar viele! Daraufhin hat er uns zu unserem Vorhaben nicht nur seinen Segen gegeben, sondern auch noch einen dieser laut knatternden Motorwagen zur Verfügung gestellt, die immer mehr in Mode zu kommen scheinen. Mit diesem werden wir nun über den Landweg in Richtung Großbritannien aufbrechen.

»Passepartout, dreh die Motorkurbel und dann rasch eingestiegen – wir fahren los!«

ÜBER DIE ALPEN

»Schieb, Passepartout, schieb doch bitte!«

Die Pferdestärken des Motorwagens allein reichen leider nicht aus, um die Alpen zu überqueren. Werter Gast, setzen Sie sich doch einmal ans Steuer. Auch wenn es sich für einen echten Gentleman eigentlich nicht geziemt – ich werde Passepartout beim Anschieben des Motorwagens helfen müssen.

»Und nun gemeinsam, Passepartout: Schieben, schieben, kräftig schieben!«

Und nun haben wir es auch schon geschafft. Wir stehen oben auf dem Alpenpass und genießen das Panorama mit dem schönsten Ausblick auf die sonnenbestrahlten Berge.

Doch auf, in den Wagen, es geht nun ohne Unterbrechung weiter bis Paris! Wollen wir nur hoffen, dass die Bremsen dieses Motorwagens etwas besser funktionieren als der Motor.

22

BUMMELN AN DER SEINE

Paris ist eine Weltstadt par excellence. Sie lockt jedes Jahr viele Millionen Touristen aus aller Welt an. Viele Menschen verlieben sich gar in die »Stadt der Liebe«. Machen auch Sie der lebensfrohen Stadt an der Seine Ihre Aufwartung.

Zählen Sie mal!

1 Wie oft kommt auf der Karte das Wort »Avenue« (Allee) in ausgeschriebener Form vor?

2 Anschließend checken Sie in einem der Hotels ein. Wie viele sind – in ausgeschriebener Form – auf der Karte verzeichnet?

3 Finden Sie alle Stellen – außer der Seine – an denen blaue Wasserflächen vorkommen.

Große Namen

4 Finden Sie den Nachnamen eines französischen Philosophen des 16. Jahrhunderts, der als Begründer der Essayistik gilt.

5 Wer verfasste unter anderem den Roman »Die drei Musketiere«?

Wer weiß was?

6 Entdecken Sie – in den Straßen von Paris – eine am Euphrat gelegene Hauptstadt des Altertums?

7 Sogar ein beliebtes IKEA-Regal steht auf einer der Straßen. Nämlich wo?

8 In welchem Gebäude auf der Karte befindet sich der Amtssitz des französischen Staatspräsidenten?

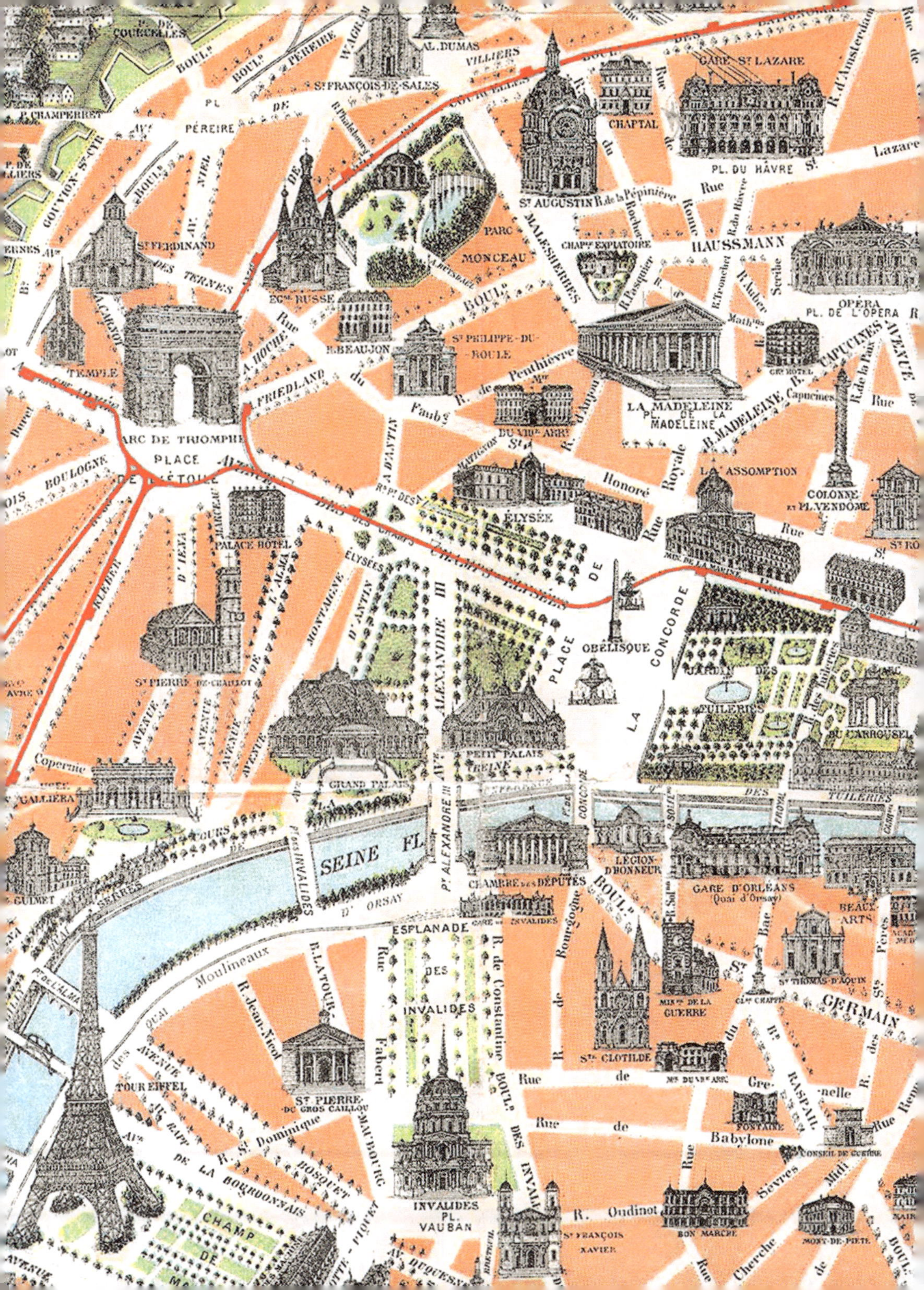

PL. DE COURCELLES
P. CHAMPERRET
AL. DUMAS
VILLIERS
WAGRAM
BOULD PEREIRE
PL. PEREIRE
St FRANÇOIS-DE-SALES
GARE St LAZARE
CHAPTAL
R. d'Amsterdam
Lazare
PL. DU HAVRE
St AUGUSTIN
R. de la Pépinière
PARC MONCEAU
MALESHERBES
HAUSSMANN
CHAPle EXPIATOIRE
OPÉRA
PL. DE L'OPÉRA
St FERDINAND DES TERNES
ECse RUSSE
R. BEAUJON
St PHILIPPE-DU-ROULE
TEMPLE
GOUVION-St-CYR
AV. NIEL
HOCHE
FRIEDLAND
R. de Penthièvre
LA MADELEINE
PL. DE LA MADELEINE
B. MADELEINE
CAPUCINES
AVENUE
ARC DE TRIOMPHE
PLACE DE L'ETOILE
BOULOGNE
ÉLYSÉE
Honoré
Royale
L'ASSOMPTION
COLONNE ET PL. VENDÔME
PALACE HOTEL
ÉLYSÉES
KLEBER
D'IENA
ALEXANDRE III
OBÉLISQUE
PLACE DE LA CONCORDE
JARDIN DES TUILERIES
CARROUSEL
St PIERRE DE CHAILLOT
MONTAIGNE
GRAND PALAIS
PETIT PALAIS
GALLIERA
SEINE FL.
INVALIDES
Pt ALEXANDRE III
CONCORDE
DES TUILERIES
LÉGION D'HONNEUR
GARE D'ORLÉANS (Quai d'Orsay)
BEAUX ARTS
CHAMBRE DES DÉPUTÉS
D'ORSAY
GUIMET
ESPLANADE DES INVALIDES
R. de Constantine
Bourgogne
Ste CLOTILDE
MINre DE LA GUERRE
St THOMAS-D'AQUIN
GERMAIN
Moulineaux
R. LATOUR
R. Jean-Nicot
TOUR EIFFEL
St PIERRE-DU GROS CAILLOU
Fabert
BOULd DES INVALIDES
Rue de Grenelle
RASPAIL
Rue de Babylone
FONTAINE
CONSEIL DE GUERRE
R. St Dominique
BOSQUET
AV. DE LA BOURDONNAIS
CHAMP DE
INVALIDES PL. VAUBAN
R. Oudinot
BON MARCHÉ
Sèvres
St FRANÇOIS XAVIER
Cherche
MONT-DE-PIÉTÉ
Av. DUQUESNE

23

LANDUNG IN ROM

»Gut gemacht, Passepartout! Das war wahrlich hervorragend gezielt!« Passepartout hat uns die Angreifer mithilfe von ein paar Suppendosen vom Leib gehalten. Aber leider wurde auch unser Fesselballon »Aouda« von einigen Kugeln getroffen. Wir müssen wohl in Rom notlanden und uns nach einem anderen Gefährt umschauen, das uns nach London zurückbringt.

»Können wir dort landen, mein Herr?«

»Passepartout, vielleicht nicht gerade dort, das ist der Petersplatz. Dort tummeln sich zu viele Menschen und Tauben. Etwas weiter links, in den Vatikanischen Gärten. Ja, dort müsste es gehen.«

DIE WACHEN DER SCHWEIZERGARDE

»Grüezi, was machen Sie denn da?«

Oh, einige Wachen der Schweizergarde haben uns in den Vatikanischen Gärten bemerkt und unseren Fesselballon umstellt. Was sollen wir denen bloß erzählen?

»Ich ... wir ... sind mit unserem Fesselballon in die Bredouille gekommen und mussten eine Notlandung vornehmen.«

»So, ischd das wirklich wahr? Ja? Kommen Sie einmal alle mit! Das müssen wir genauestens untersuchen.«

Werter Gast, da bleibt uns wohl nichts anderes übrig, als mit den Herren mitzugehen. »Passepartout, nimm nicht schon wieder Reißaus! Wir werden das sicher rasch klären können.«

21

ZUR AUDIENZ IN ROM

Im Heiligen Land haben Sie sich bereits herumgetrieben. Nun holen Sie sich in der heiligen Stadt Rom den päpstlichen Segen. Vor der Audienz im Vatikan haben Sie noch ein wenig Zeit zum Rätseln.

Gucken Sie genau!

1 Wo auf der Karte lesen Sie die Zahl 1289?

2 Finden Sie auf der Karte einen männlichen Heiligen.

Für Sprachgewandte

3 Entdecken Sie auf der Karte ein Anagramm von BREVEELED?

4 Seien Sie mutig und suchen Sie den »Garten des Drachen«.

Gut in Form?

5 Von wo auf der Karte stammt dieser Ausschnitt?

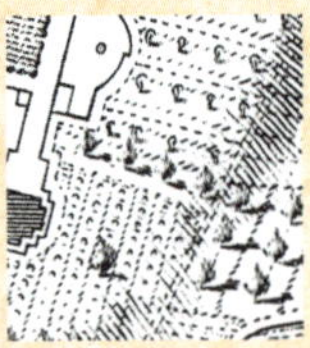

Zählen Sie mal!

6 Borgen macht Sorgen? Wie oft lesen Sie auf der Karte das Wort »Borgo«.

7 Jetzt geht es heiß her: Suchen Sie auf der Karte alle italienischen Öfen, also »Forno« und »Fornace«.

Wer weiß was?

8 Wo auf der Karte befindet sich die Hauptkuppel des Petersdoms?

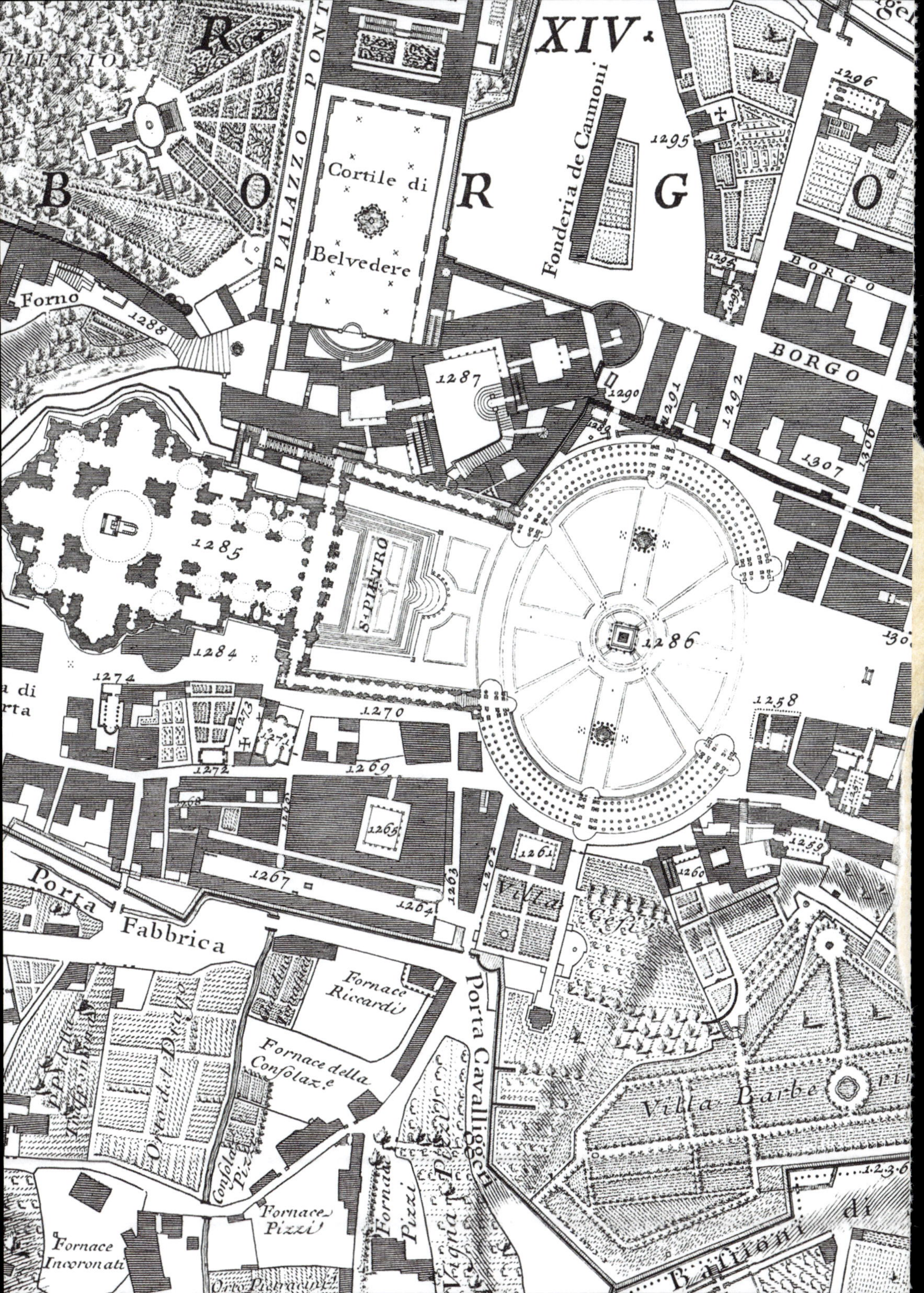

XIV
B O R G O
PALAZZO PONT
Cortile di Belvedere
Fonderia de Cannoni
Forno
BORGO
BORGO
S. PIETRO
Porta Fabbrica
Porta Cavalleggeri
Villa Cesi
Villa Barbe
Fornace Riccardi
Fornace della Consolaz.e
Orto di Drago
Fornace Pizzi
Fornace Incoronati
Baluardi di
1284
1285
1286
1287
1288
1290
1291
1292
1295
1296
1306
1307
1258
1259
1260
1261
1262
1263
1264
1265
1267
1269
1270
1272
1274

22

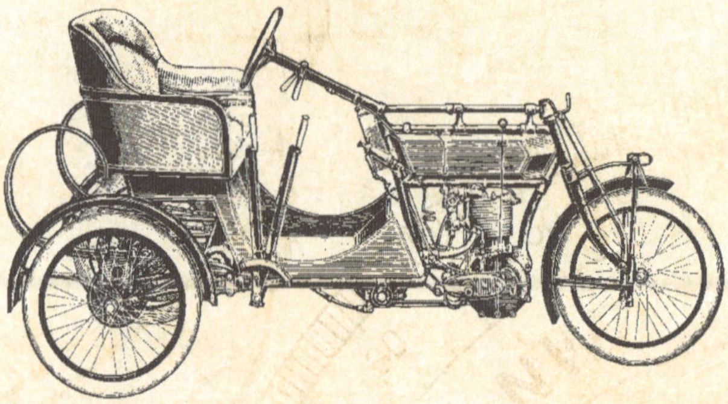

21

1

2

3

4

5

6

7

8

9

10

A

B

C

D

E

F

G

H

I

J

20

SKYLINES DER WELT

Berühmte Sehenswürdigkeiten dieser zehn bekannten Städte fielen der Schere zum Opfer. Platzieren Sie die Sehenswürdigkeiten zurück an ihren Ort und nennen Sie die Städtenamen. Der folgende kleine City-Guide wird Ihnen dabei behilflich sein.

1 Die »Stadt der Liebe« zählt – nach Bangkok und London – zu den meistbesuchten (mit mindestens einer Übernachtung) Städten der Welt.

2 In dieser lateinamerikanischen Metropole gibt es eine Menge Samba-Schulen. Auch einen Zuckerhut gibt es, aber den kann man sich nicht aufsetzen.

3 Mit rund 13 Millionen Einwohnern ist sie die größte Stadt Europas – auch wenn ein Großteil des Landes in Asien liegt.

4 Diese Stadt wurde von 1961 bis 1989 durch eine Mauer getrennt, und John F. Kennedy sagte dort 1963: »Ich bin ein ...«?

5 In dieser Stadt steht der Wolkenkratzer Burj Khalifa, der bis zur Spitze eine Höhe von 829,8 Meter aufweist.

6 Die Hauptstadt Kataloniens liegt an der Mittelmeerküste, hat aber nicht nur Badegästen etwas zu bieten.

7 In dieser Stadt gibt es unter anderem eine »Spanische Treppe« und einen »Heiligen Stuhl«.

8 1348 wurde in dieser europäischen Hauptstadt die erste Universität Mitteleuropas gegründet.

9 Die Siedlung, aus der diese Stadt entstand, erhielt im 17. Jahrhundert zunächst den Namen »Neu-Amsterdam«.

10 Diese Stadt wurde im Jahr 969 gegründet und ist das politische und kulturelle Zentrum der arabischen Welt.

ANGRIFF AUF DEM MITTELMEER

Ja, er lässt sich wirklich vorzüglich lenken, unser Fesselballon »Aouda«. Genießen wir also den Ausblick hinab auf das Mittelmeer, das wir auf unserer Fahrt gerade überqueren. Und schauen Sie, werter Gast! Die Küste Europas mit ihren wunderbaren Landschaften und Städten ist in der Ferne bereits sichtbar. Kein Sturm diesmal, herrlich! Zum Gewinn der Wette unserer verehrten Queen Victoria fehlt nun nicht mehr viel.

Aber was war das? Ein Schuss? »Passepartout, sind das Schüsse?« Tatsächlich, da fährt ein Schiff auf dem Meer. Von dort wird auf uns geschossen - oder zumindest auf unseren Ballon. Wir müssen rasch Höhe gewinnen, damit der Fesselballon nicht beschädigt wird!

»Passepartout, wirf allen Ballast über Bord, damit unser Fesselballon höher aufsteigen kann! Alles, was wir für unsere weitere Reise nicht mehr benötigen, muss über Bord!«

»Auch Ihr feiner Mantel, mein Herr?«

»Ja, Passepartout, auch der. Ich sagte doch: Alles, was wir nicht mehr benötigen!«

»Und auch die vielen Dosen mit Tomatensuppe? Die wollten wir doch noch essen.«

»Über Bord damit, wir werden zu einem späteren Zeitpunkt wieder Proviant aufnehmen! Doch schau, jetzt wurde eine der Suppendosen von einer Kugel durchbohrt. Los Passepartout, versuche mit den verbliebenen Dosen die Angreifer auf dem Schiff zu treffen!«

20

A

B

C

D

E

F

G

H

19

FLAGGE ZEIGEN IN AFRIKA

In Afrika gibt es 54 Staaten, die Mitglied der Vereinten Nationen und der Afrikanischen Union sind. Unruhig ist es in einigen Ländern Afrikas, aber auch sehr farbenfroh. Dies beweisen nicht zuletzt die Flaggen der afrikanischen Länder. Können Sie die folgenden acht Flaggen korrekt zuordnen?

1 Auf der Flagge des im Süden Afrikas gelegenen Königreichs Lesotho ist eine traditionelle Kopfbedeckung abgebildet.

2 Die Flagge Ägyptens erinnert – aber nur ein ganz klein wenig – an die Flagge des ehemaligen Deutschen Kaiserreichs.

3 Das Grün auf der Flagge Namibias steht für Vegetation und Fruchtbarkeit.

4 Liberia wurde im Gegensatz zu den meisten anderen afrikanischen Ländern nie kolonialisiert. Vielleicht erinnert die Flagge deshalb stark an diejenige der freiheitsliebenden USA?

5 Das Königreich Eswatini hieß bis 2018 Swasiland. Die Landesflagge zeigt mehrere Waffen.

6 Auf der Flagge Angolas ist ein Stern zu sehen, der Fortschritt und Internationalismus bedeuten soll.

7 Wie auf der Flagge des Königreichs Eswatini sind auch auf der Flagge Kenias Waffen abgebildet, nämlich zwei Speere und ein Schild.

8 Die Flagge Ghanas wurde von der Flagge Äthiopiens abgekupfert, allerdings ist die Reihenfolge der drei Streifen umgekehrt.

ÜBERSTÜRZTE ABREISE MIT DEM BALLON

»Zack, Box, Knuff! So habe ich mir die Krokodile vom Leib gehalten. Bei der Sängerin Olga Odorowka ist mir dies allerdings nicht so gut gelungen, dieser Lügnerin!«

Dank der Gewitztheit meines Dieners Passepartout und einigen glücklichen Fügungen haben wir zwischenzeitlich unseren Fesselballon wiedererhalten und sind dabei, diesen für die letzten Etappen unserer Reise zu reparieren. Mit der »Aouda« soll es nun rasch zurück nach Europa gehen!

Moment, was war das gerade? Ist hinter diesem Baum dort hinten nicht gerade ein Gesicht hervorgehuscht? Ja, ich bin mir sicher: Es war ein Einheimischer mit weiß bemaltem Gesicht. Vielleicht eine Kriegsbemalung? Wird bald sein ganzer Stamm hier auftauchen? Wir sollten uns mit der Reparatur des Fesselballons lieber beeilen!

Jetzt höre ich Trommeln klingen und fremde Gesänge. Auch Löwengebrüll ist vernehmbar. Kommen die Geräusche näher? »Passepartout, mach unseren Fesselballon sofort bereit für den Start!«

Ja, die Geräusche kommen immer näher. Und jetzt sehen wir sie auch: Viele Hundert Krieger, die aus dieser Richtung auf uns zukommen. Und schauen Sie: Aus der anderen Richtung nähert sich ein hungriges Rudel Löwen!

»Können wir endlich aufsteigen, Passepartout? Wir müssen so schnell wie möglich hier weg!«

19

OF THE NILE
BAHARI OR LOWER EGYPT
ISTHMUS OF SUEZ
Damietta
Rosetta
Aboukir B.
Alexandria
Metoubis
Foua
Tel Shelmi
El Careon
L. Maréotis
Damanhour
Chabbas
Banoub
Nemreh
Sa el Hagar
Andahour
Massara
Sindill
Mansoura
Behbit
Samanoud
Menzaleh
L. Menzaleh
Foum Dibeh
Foum Errahch
Tineh
Anb Diab
Catieh
Chobra Nouneh
Nikleh
Salamoun
Bnoufar
Tanta
Mit Demsis
Zifte
Orbeit
Salehieh
El Teirieh
Tel Lakna
Ras al Wadi
Aalkam
Nadir
Tel Basta
Abouhecheid
Wadi Tomlat
El Terane
Menouf
Habaseh
Massia
Belbeis
Ruins
Neshabe
Kenameh
Wardan
Zoameh
Toham
El Kattah
Kelioub
Matarieh
El Agerout
Tanash
CAIRO
Ghizeh
Babout
Suez
Mabouk
Muhahog
Mogarra
Abousir
Deir Etteine
Toura
Gebel Ataka
Ayoun Mousa
Mit Raheni
Dashour
Kamazeb el Kelur
Jabt
Malanieh
Turag
Medinet Nemroud
Medoun
Essouef
El Tureh
Birket Keroun
Tamieh
Kedab
Sileh
Zaoyeh
Atfieh
FAIOUM
Koubal
Kasr Keroun
Medinet el Faioum
El Kriamat
Zeitun
Eggerone
Salt Well
El Menieh
Pyramid
Benisouef
Kharak L.
Abbas
Nesle Sh. Hamea
Bibbe
Gaiad
Geiada
El Savene
El Moda
El Zouwy
Mar Roullos
Ruins
C. Zafarana
Mar Antonios
Maaz
Abade
Sherarbieh
Aboussour
Benimhamed el Koufour
Nesle Sh. Hassan
Behenese
Deir el Adra
Gebel Kolzim
Gebel Khalil
Ettarieh
Souadi
Minieh
Sherar
Metaghara
Safai
Beni Hassan
Eshmounein
Antineh
Melawi
Sheikh Said
CENTRAL
Beni
GULF OF

18

REISE ZUM NILDELTA

Der Nil gilt mit einer Gesamtlänge von ungefähr 6650 Kilometer als längster Fluss der Erde. In Ägypten mündet er nach seiner langen Reise durch mehrere Länder Afrikas ins Mittelmeer. Schauen wir uns den Weg zum Nildelta einmal genauer an!

Gucken Sie genau!

1 Zeigen Sie auf »Ghizeh«, das heutige Giseh, den Standort unter anderem der Cheops-Pyramide.

2 Nicht nur Italiener sagen »Basta«. Und zwar wo?

Für Sprachgewandte

3 Dieses englische Teekesselchen bedeutet sowohl »gut« als auch »Quelle«.

4 Welches geografische Fremdwort, das Sie auf der Karte finden, bezeichnet eine Landenge?

Zählen Sie mal!

5 Wie oft lesen Sie auf der Karte das Wort »Gebel« (mit der Bedeutung »Berg«)?

6 Einige Orte auf der Karte wurden rot markiert. Wie viele?

Wer weiß was?

7 Wo wurde 1799 ein berühmter Stein gefunden, der zur Entschlüsselung der ägyptischen Hieroglyphen beitrug?

8 Nach welcher ägyptischen Stadt wurde der nordwestliche Ausläufer des Roten Meeres benannt?

9 In welcher ägyptischen Stadt befand sich die bedeutendste Bibliothek der Antike?

AUF DEM NIL

Was für ein mächtiger Strom ist doch der Nil! Die Schaufeln unseres Nildampfers »Karnak« graben sich tief ins Wasser und bringen uns Meter für Meter nilaufwärts. Nahe des Victoriasees hat der Nil seinen Ursprung – und dort erwartet uns auch unser Fesselballon »Aouda«.

»Passepartout, du hast deinen Rundgang auf dem Nildampfer gut genutzt? Gibt es Saboteure an Bord?«

»Keine bärtigen Russen weit und breit zu sehen, mein Herr! Einzig eine hübsche russische Sängerin ist an Bord, eine gewisse Olga Odorowka. Oh, là là!«

Sehr schön, werter Gast! Dann lassen Sie uns weiter die Fahrt auf dem Nil genießen und uns ein wenig von den vergangenen Strapazen erholen.

FUTTER FÜR DIE KROKODILE

Die »Karnak« ist am Endpunkt ihrer Nilfahrt angelangt. Lassen Sie uns nur rasch von Bord gehen, denn mir schwant nichts Gutes! Olga Odorowka läuft in Begleitung von mehreren uniformierten Personen direkt auf den armen Passepartout zu. Einer der Offiziere deutet auf ihn und fragt die Dame: »Ist es dieser Herr dort?« Olga Odorowka nickt und sagt: »Ja, der ist es. Dieser Mann hat mir nachgestellt.« Der Offizier ruft: »Ergreift den Mann!«

Jetzt geht alles ganz schnell: Passepartout nimmt Reißaus und springt über Bord in den Nil. Sieht er denn nicht die Krokodile, die sich vom Ufer ins Wasser begeben und von allen Seiten auf ihn zuschwimmen?

»Passepartout! Passepartout!« Es ist nichts mehr von ihm zu sehen. Oh, mein armer Diener!

18

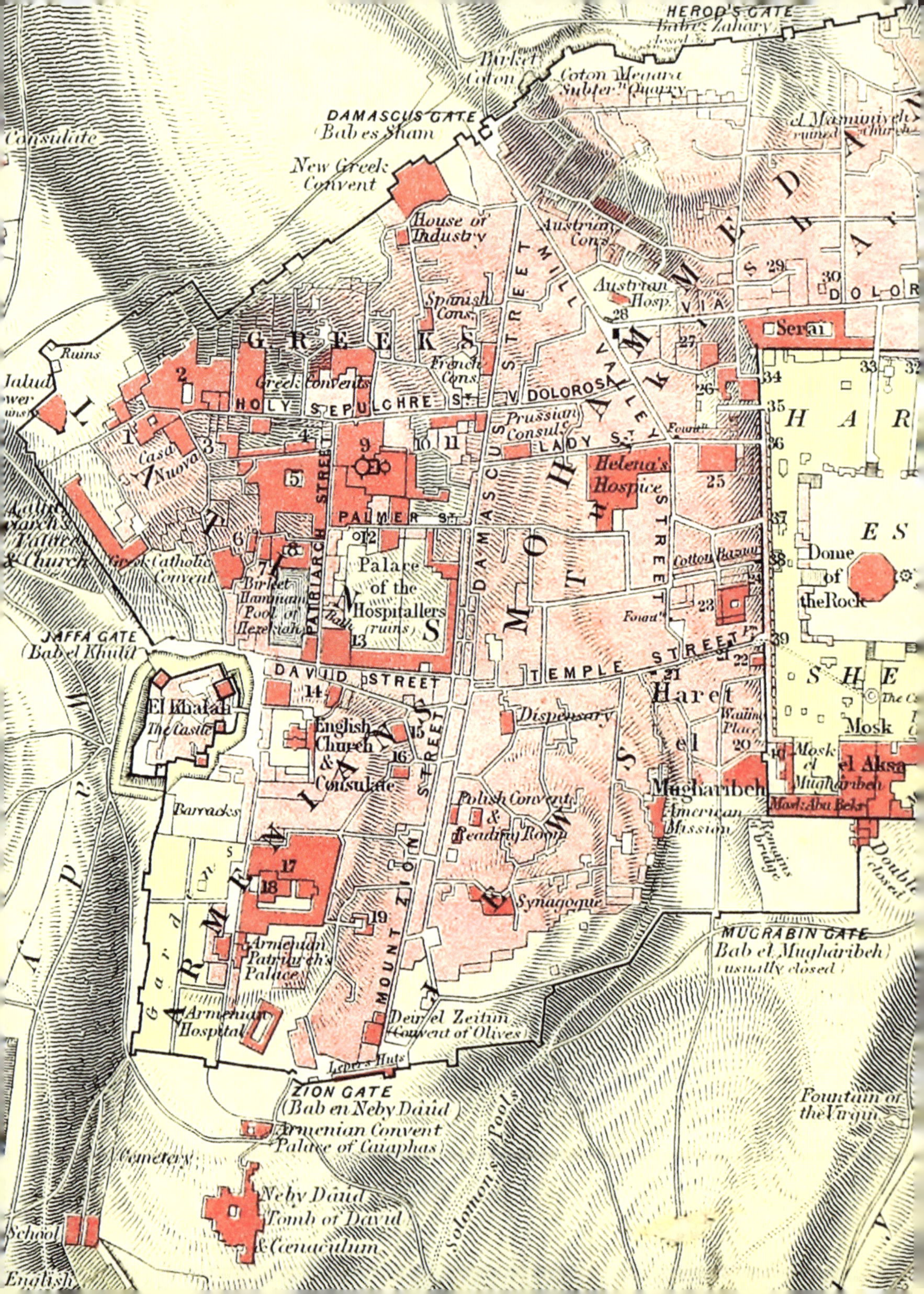

HEROD'S GATE
Bab ez Zahary
Birket Coton
Coton Megara Subter.n Quarry
DAMASCUS GATE
Bab es Sham
Consulate
New Greek Convent
el Mamuniyeh ruined Church
House of Industry
Austrian Cons.
Austrian Hosp.
Spanish Cons.
VIA DOLOROSA
Serai
GREEKS
Ruins
Greek Convents
French Cons.
HOLY SEPULCHRE ST.
V. DOLOROSA
Prussian Consul
LADY ST.
Casa Nuova
Helena's Hospice
PATRIARCH STREET
PALMER ST.
DAMASCUS STREET
MILL STREET
VALLEY STREET
MOHAMMEDANS
Palace of the Hospitallers (ruins)
Greek Catholic Convent
Birket Hammam Pool of Hezekiah
Cotton Bazaar
Dome of the Rock
HARAM ES SHERIF
JAFFA GATE
(Bab el Khulil)
DAVID STREET
TEMPLE STREET
El Kalah
The Castle
English Church & Consulate
Dispensary
Haret el Mugharibeh
Wailing Place
Mosk el Aksa
Mosk el Mugharibeh
Mosk Aba Bekr
American Mission
Remains of bridge
Barracks
Polish Convent & Reading Room
Synagogue
ZION STREET
MOUNT ZION
ARMENIANS
JEWS
Armenian Patriarch's Palace
Armenian Hospital
Gardens
Deir el Zeitun
(Convent of Olives)
Lepers Huts
MUGRABIN GATE
Bab el Mugharibeh
(usually closed)
ZION GATE
(Bab en Neby Daûd)
Armenian Convent
Palace of Caiaphas
Cemetery
Neby Daûd
Tomb of David
& Cœnaculum
School
English
Solomon's Pools
Fountain of the Virgin

17

DIE ALTSTADT VON JERUSALEM

Jerusalem, die bevölkerungsreichste Stadt Israels, ist heute eine moderne Großstadt. Doch besucht man die Altstadt, ist das wie eine Reise in eine frühere Welt: Sie wandeln an uralten Gemäuern entlang durch enge Gassen und sind plötzlich Teil der Geschichte.

Zählen Sie mal!

1 Wie viele Tore (»Gate«) zählen Sie auf der Karte?

2 Wie oft lesen Sie das Wort »Convent« in ausgeschriebener Form? Ob Singular oder Plural spielt keine Rolle.

Gut in Form?

3 Aus welchem Bereich der Karte stammt dieser Ausschnitt?

Gucken Sie genau!

4 Suchen Sie nach einer Lady an einer kleinen Straßenkreuzung.

5 Zeigen Sie auf den Felsendom.

Wer weiß was?

6 Zeigen Sie auf den Namen einer antiken Hafenstadt, die 1950 mit Tel Aviv vereinigt wurde.

7 Wo auf der Karte befindet sich ein jüdisches Gotteshaus?

Für Sprachgewandte

8 Welches Wort auf der Karte ist Lateinisch für »schmerzhaft«?

9 Welchen Namen trägt der Südwesthügel Jerusalems?

DIE ALTSTADT VON JERUSALEM

Den Halunken in Bethlehem sind wir glücklich entkommen. Nun stehen wir – wie damals bei San Francisco – vor einem »Golden Gate«. Nur dass es sich dieses Mal um eines der Tore handelt, die in die Altstadt von Jerusalem führen. Hier treffen wir einen Herrn, der etwas über den Verbleib unseres Fesselballons »Aouda« erfahren haben will. Aber aufgepasst: In den engen Gassen Jerusalems kann man schnell mal in einen Eingang gezogen werden!

IM HAUS DES MISSIONARS

Gut behütet sind wir nun in Jerusalem zu Gast im Haus eines christlichen Missionars. Dieser berichtet uns, dass einer seiner Missionsbrüder unseren Fesselballon an den Ufern des Victoriasees entdeckt hat. So weit ist er also von Grönland aus geflogen! Nun gut, das kommt uns auf unserer Weltumrundung ganz recht – dann werden wir auch noch einen guten Teil Afrikas durchqueren. Es geht nilaufwärts!

»Schon morgen begeben sich einige unserer Missionsbrüder nach Ägypten. Diesen könnt ihr euch anschließen.«

»Oh, welch glückliche Fügung. Da sagen wir natürlich sehr gern zu! Passepartout, kümmere dich um eine Übernachtungsmöglichkeit in Jerusalem! Morgen geht es dann weiter nach Ägypten.«

17

MEDITERRANEUM
Ptolemais v. Aco
Carmelus M.
Porphyrion
Calamon
Magdiel
Dara
Cæsarea vel Turris Stratonis
Apollonias
Joppa
Jamnia
Ascalon
Anthedon
Gaza
GALILÆA
Inferior
Nadson
Capernaum
Bethsaida
Bethulia
Magdala
Zebulon
Dio Cæsarea v. Sepphoris
ZEBULUN
Cana
Nazareth
Rama
Tarichæa
Lacus Tiberiadis vel Gennesareth
Hippus
Gadara
Gamala
Kishon Fl.
Belus Fl.
M. Tabor vel Itabyrius
Gilboa M.
Jabes
Legio
ISSACHAR
M. Hermon
Endor
Naim
Maximianopolis
Vallis Esdraeli
Scythopolis v. Bethshan
Megiddo
Jezrael
Bethabara
Grocodilon Fl.
Ginæa
Atharus
MANASSEH
Dabir
SAMARIA
Aulon vel Campus Magnus
Jordanes Fl.
Samaria v. Sebaste
Salumias
Amathus
Bethar
Ebal M.
Galgalis
Thirza
Jabbok Fl.
EPHRAIM
Shechem v. Neapolis
Gerizim M.
Antipatris
Temp. Samaritanum
Phasaelis
Shilo
Archelais
Diospolis v. Lydda
Arimathœa
Bethel
M. Abarim
Ekron
Thamna
Bethaven
Jericho
Bethoron
BENJAMIN
Ephraim
Nebo M.
Nicopolis v. Emmaus
Bethania
M. Olivarum
Livias
DAN
HIEROSOLYMA
Siloam
Machærus
Azotus
Gath
Bethlehem
Engedi
Herodium
Besec
Kedron Fl.
Callirrhoe
Eleutheropolis
JUDÆA
LACUS ASPHALTITIS vel Mare Mortuum
Ziklag
Hebron
Carmelia
JUDAH
Jettan
Dabir
Maon
MOAB
SIMEON
Malatha
Minois
IDUMEA
Gerara
Acrabatene
Besor Fl.
Zoar

16

DAS HEILIGE LAND

Wer schon das eine oder andere Mal in der Bibel geschmökert hat, wird auf dieser Karte des Heiligen Landes viele bekannte Namen entdecken. Die biblische Geschichte, aber auch das Zeitalter der römischen Expansion werden so greifbar.

Zählen Sie mal!

1 Wie viele »Fl.« (für Fluvius – Fluss) werden auf der Karte verzeichnet?

2 Nun nehmen wir Sie ins Gebet: Wie viele Ortsnamen auf der Karte beginnen mit »Bet«? Auch Alternativnamen zählen – gekennzeichnet durch »vel« bzw. »v.«, was auf Lateinisch »oder« bedeutet.

Große Namen

3 Suchen Sie in einer Stadt und in einem Fluss nach dem israelischen Satiriker Ephraim Kishon.

4 Der Stifter des Christentums war Jesus von …?

Wer weiß was?

5 Zeigen Sie auf den Geburtsort von König David und Jesus Christus.

6 Suchen Sie eine Stadt, die auf einen jüdischen Klientelkönig hinweist, der laut Matthäusevangelium den Kindermord in Bethlehem anordnete.

7 Nach welcher Stadt wurde ein »Streifen« am östlichen Mittelmeer benannt?

Gucken Sie genau!

8 Wo auf der Karte befindet sich der See Genezareth?

9 Und nun zeigen Sie noch auf das Tote Meer!

EINE BLEIBE IN BETHLEHEM

Werter Gast, was war das für ein Abenteuer in der Bagdadbahn! Passepartout verlor zum Glück nur wegen des Schreckens das Bewusstsein, nicht weil er von den vergifteten Keksen genascht hatte. Die freundliche Frau war, wie sich herausstellte, der verkleidete Grusellkoff. Wir haben diesen Schurken in Aleppo der Obhut der Polizei übergeben.

Ungewohnt friedlich verlief unsere Reise von Aleppo nach Damaskus und weiter ins Heilige Land. Unerkannt und in aller Ruhe können wir hier nun als Pilger reisen. Schon morgen werden wir Jerusalem erreichen. Jetzt ist es aber schon spät. Versuchen wir im Örtchen Bethlehem, eine Bleibe für die Nacht zu finden.

UNLIEBSAMER BESUCH

Haben Sie gut geschlafen, werter Gast? Leider nur diesen Stall konnte man uns in Bethlehem anbieten. Aber Passepartout hat daraus kurzerhand eine bequeme Kammer gezaubert, in der wir recht zivilisiert übernachten konnten, nicht wahr?

»Aber Passepartout, sag, was war das für ein Lärmen mitten in der Nacht? Mir schien, dass viele Hirten ihre Tiere durch den Ort getrieben haben?«

»Wer das heute Nacht war, weiß ich nicht, mein Herr. Aber durch das kleine Fenster in unserem Stall sehe ich, dass wir es nun mit einigem Raubgesindel zu tun bekommen. Einer deutet auf unseren Stall, der andere fährt sich mit dem Finger am Hals entlang, viele andere finstere Gestalten lachen dazu. Wir sollten, pardon, schleunigst von hier verschwinden!«

16

Tarsus
Adana
Anazarbus
Anzarbe
Mopsuestia
Messis
Nicopolis
Epiphania
Castabala
Issus
Mallos
Mallo
Pindenissus
Behesni
Samosata
Singa
Sinja
Syco-basilisses
Porsica
Doliche
Doluc
Zeugma
Hiera come
Alexandria
Scanderona
Issicus Sin.
Myriandrus
Rhosus
Roses
Rhossicus Scopulus
Pierius
Pagras
Gephyra
Gindarus
Cyrrhestica
Cyrrhus
Chyrrus
Deba
Antab
Abarara
Herapolis vel Bambyce
Balnae
Regia
Ara
ANTIOCHIA
Antakia
Daphne
Imma
Thura
Artas
Seleucia Pieria
Suveidie
Melibaea
Casius
Posidium
Platanus
Baccaiae
Bagas
Seleucia
Belus
Chalybonitis
Beroea vel Chalybon
HALEPO
Bannis
Thiltauri
Eragiza
Barbalissus
Belos
Miasena
Heraclea
Chersonesus
Laodicea ad Mare
Latikie
Belus M.
Chalcis
Chalcidice
Spelunca
Gabbula
Gebul
Lacus Salsus
Derrima
Gabala
Gebile
Paltus
Balanea
Belinas
Orontes Fl. vel Axius
Seleucis
Nazerini
Marsyas Fl.
Lysias
Thelmenissus
SYRIA
Androna
Andrene
Marra
Marathus
Apamene
Apamea
Famié
Theleda
Capparea
Occaraba
Antaradus
Aradus
Ruvad
Spiclis
Mariame
Larissa
Syris Hemath
Salaminias
Salemié
Orthosias
Ortosa
Tripolis
Tarabolos or Tripoli
Simyra
Carion
Raphaneae
Rafanie
Epiphania
Hamah
Arethusa
Restan
Arce
Arka
Demetrias
LIBANUS
Laodicene
Emesa
Hems
Laodicea ad Libanum vel Cabiosa
Trieris
Theoprosopon Pr. et Cast.
Sennah
Borrama
Botrys
Patron
Byblus
Adonis Fl.
Heliopolis
Baalbeck
Lybum
Conna
Marsyas Camp.
Paradisus
Goaria
Dana
PHOENICIA LIBANI
Gigarta
Lycus
Berytus
Berut
Heldua
Helde
Tamyras
Sidon
Sayda
Sarepta
Porphyrion
Ornithon
Libanus
Antilibanus
COELESYRIA
Chalcis
Kalkes
Iabruda
Carrae
Kara
Casama
Odomana
Medera
Abila Lys.
Abel
Alsadamus M.
Damascus
Gerra
Cochaba
PHOENICE
Clides Iae.
Dinaretum Pr.
C. St. Andreas
Aegae
Sarus
Zephyrium
Aleiius Campus

15

ANTIKES SYRIA

Wir präsentieren Ihnen eine antike Karte von »Syria«, einer römischen Provinz, die das damalige Syrien und Phönizien – das Purpurreich der Antike – umfasste. Sogar Göttern werden Sie dort begegnen!

Zählen Sie mal!

1 Wie viele Ortsnamen auf der Karte enden auf »polis«? Berücksichtigen Sie auch angeschnittene Wörter!

2 Und wie oft finden Sie auf der Karte ein »Camp«? Groß- oder Kleinschreibung spielen keine Rolle.

Für Sprachgewandte

3 Entdecken Sie auf der Karte das lateinische Wort für Beständigkeit?

Gucken Sie genau!

4 Ob hier die Heiligen Drei Könige unterwegs waren? Finden Sie zweimal das Wort »Epiphania«.

5 Wo liegt »Paradisus«?

Wer weiß was?

6 Wo wurde um 5 nach Christus der Apostel Paulus geboren?

7 Welche Stadt auf der Karte wurde nach einem griechischen Heros benannt, der sogar den Nemeischen Löwen erlegen konnte?

8 In welche Nymphe der griechischen Mythologie war Apollon unsterblich verliebt?

IN DER BAGDADBAHN

Dass wir es durch die Wüsten Persiens geschafft haben, grenzt schon fast an ein Wunder. Überaus zuvorkommend von diesen drei älteren Reisenden, denen wir begegnet sind, uns ausreichend mit Wasser zu versorgen. Einer von ihnen hieß gar Melchior, glaube ich.

Nun geht es vergleichsweise gemütlich mit der Bagdadbahn weiter, die erst vor Kurzem eröffnet wurde. Damit legen wir die Strecke von Bagdad bis Aleppo in Windeseile zurück. Und Tee trinken können wir in unserem Abteil, so viel wir wollen.

»Passepartout, das war dein Stichwort: Es ist Tea time!«

MORDANSCHLAG AUF SCHIENEN

»Hier, mein Herr, ihr Fünf-Uhr-Tee! Und schauen Sie mal diese formidablen Kekse – sie wurden Ihnen gerade von einer freundlichen Frau überreicht. Mit den besten Wünschen von einer Verehrerin, hat sie gesagt. Oh, là là!«

»Passepartout, wenn mich meine Nase nicht täuscht, war diese Frau nicht so freundlich, wie sie schien. Schnuppere ebenfalls: Bittermandelgeruch! Diese Kekse wurden mit Blausäure vergiftet! Du hast doch wohl nicht davon genascht?«

»Oh, ich habe nur ... mein Herr! ... Mir wird schwindelig ... bitte ... halten Sie mich, mein Herr!«

Passepartout hat das Bewusstsein verloren. Hat er etwa von den vergifteten Keksen gekostet? Dann schwebt er in höchster Lebensgefahr! »Zu Hilfe! Ist ein Arzt anwesend? Zu Hilfe!«

2

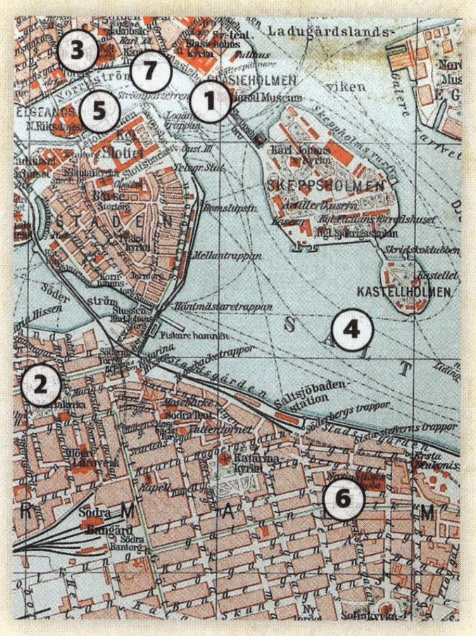

Alter Schwede!

1 Das am Norrström gelegene Nationalmuseum in Stockholm ist das größte Kunstmuseum in Schweden.

2 Die Mariakyrka in Stockholm ist südlich des Söderström gelegen.

3 Die Königliche Oper in Stockholm ließ König Gustav III. im 18. Jahrhundert errichten, Ende des 19. Jahrhunderts erfolgte ein Neubau.

4 »Pepper« bedeutet Pfeffer, »Salt« ist das englische Wort für Salz – in der Kürze liegt die Würze!

5 JEANNE BLOCK ist ein Anagramm von Lejonbacken. Hierbei handelt es sich um eine Rampenauffahrt, die zum nördlichen Eingang des Königspalasts führt.

6 Die Navigationsskola ist eine schwedische Navigationsschule, also eine Schule zur Ausbildung von Seefahrern.

7 Karl XII. lebte von 1682 bis 1718, von 1697 bis 1718 war er König von Schweden sowie Herzog von Bremen und Verden.

3

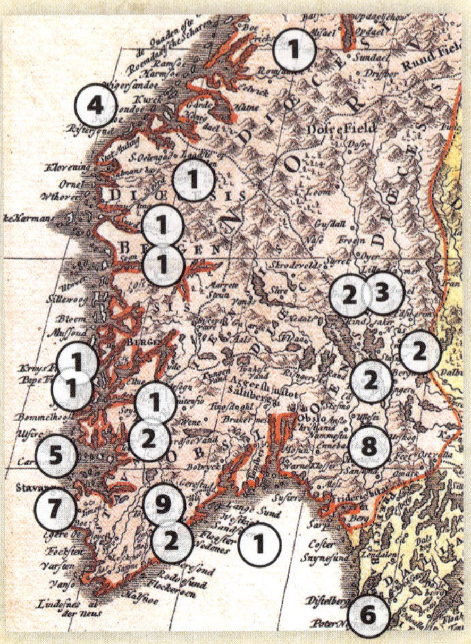

Von Fjorden im Norden

1 Ein Fjord ist ein schmaler Meeresarm, der ins Landesinnere ragt, Norwegen ist berühmt für seine über tausend Fjorde. Auf der Karte zählen Sie aber nur 8 Mal »Fioerd«.

2 Fünf Ortsnamen auf der Karte enden auf »dal«.

3 Die Kleinstadt Lillehammer (alte Schreibweise: Lille Hamar) ist etwa 180 Kilometer nördlich von Oslo gelegen. 1994 richtete dieser Ort die XVII. Olympischen Winterspiele aus.

4 Den von Ian Fleming erdachten Geheimagenten James Bond kennen Sie bestimmt. Auf der Karte tarnt er sich in der Bezeichnung Bondoe.

5 Die Oper »Carmen« des französischen Komponisten Georges Bizet wurde am 3. März 1875 in Paris uraufgeführt. Schauplatz der Oper ist die andalusische Stadt Sevilla.

6 Mit den Worten »Pater noster« beginnt die lateinische Fassung des christlichen Gebets »Vaterunser«.

7 ANTSGRAVE ist ein Anagramm der norwegischen Stadt Stavanger.

8 Inch, Foot und Yard sind englische Längenmaße. Feet ist die Mehrzahl eines Foot, der einer Länge von 30,48 Zentimeter entspricht.

9 Die französische Übersetzung von Mann lautet »homme«.

4

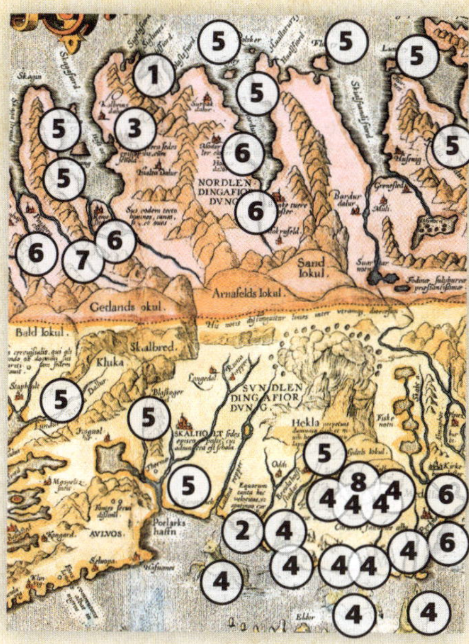

Wilde Insel im Nordatlantik

1 Heidi, Heidi, deine Welt sind die Fjorde …

2 Die Zahl 20 steht in einem lateinischen Text auf der Karte.

3 Die spanische Übersetzung von »Hallo« lautet »Hola«.

4 Es sind 12 Tiere ganz oder teilweise abgebildet. Den Wal- oder Fischkopf werden Sie doch wohl nicht übersehen haben?

5 Auf der Karte lässt sich insgesamt 11 Mal die Buchstabenkombination »ey« zählen.

6 6 »closter« lassen sich auf der Karte finden. Island wurde schon ab Ende des 10. Jahrhunderts christianisiert.

7 Den Kartenausschnitt haben Sie ganz bestimmt rasch entdeckt, nicht wahr?

8 Der Eyjafjallajökull ist ein 1651 Meter hoher Vulkan im Süden Islands. Aufgrund der ausgestoßenen Vulkanasche bei seinem Ausbruch im Frühjahr 2010 musste der Flugverkehr in Europa teilweise eingestellt werden.

5

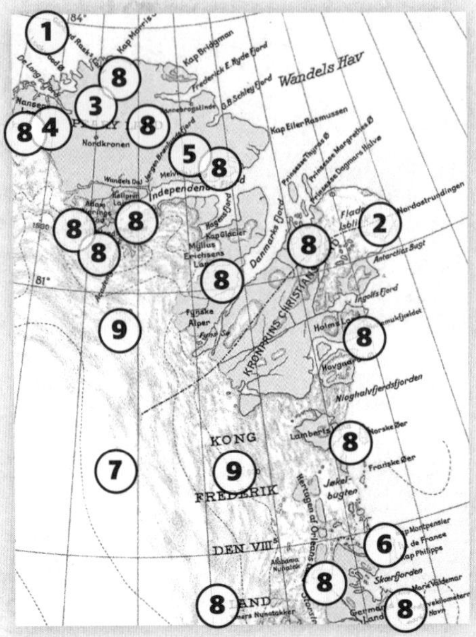

Willkommen auf Kalaallit Nunaat

1 Gertrud Rask (1673–1735) war die Gemahlin des norwegischen Grönlandmissionars Hans Egede (1686–1758).

2 Ein »link« kommt nur in Flade Isblink vor, einem Gletscher auf der Halbinsel Kronprins Christians Land.

3 Der US-amerikanische Polarforscher Robert Edwin Peary behauptete, 1909 als erster Mensch den Nordpol erreicht zu haben. Dies ist jedoch nicht bewiesen.

4 Fridtjof Nansen (1861–1930) war ein norwegischer Forscher und Diplomat. 1922 erhielt er für seine Verdienste um die internationale Flüchtlingshilfe den Friedensnobelpreis.

5 »Moby Dick« wurde vom US-amerikanischen Schriftsteller Herman Melville (1819–1891) verfasst.

6 In der nordfranzösischen Region Île-de-France ist insbesondere die französische Hauptstadt Paris gelegen.

7 Haben Sie sich durch das ewige Eis gekämpft und den Kartenausschnitt gefunden?

8 Das Wort »Land« kommt auf der Karte 14 Mal vor, davon einmal kleingeschrieben.

9 1750 – 920 = 830

6

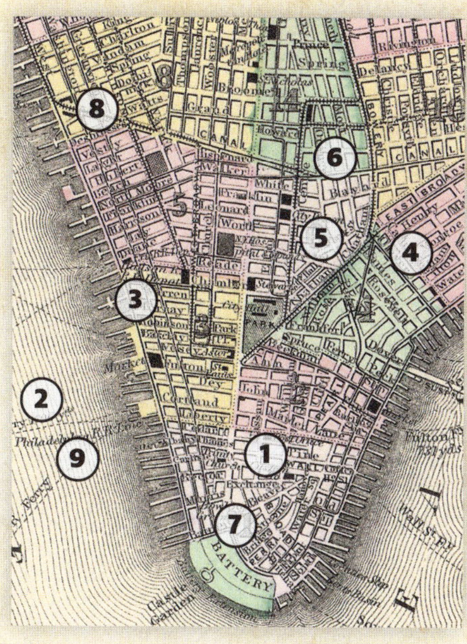

New York, New York

1 Wo geben Sie wohl die Post auf? Natürlich auf dem Post Office.

2 Die höchste Zahl, die auf dem Kartenausschnitt zu sehen ist, ist die Zahl 1796.

3 Warren Buffett gilt als einer der erfolgreichsten Investoren. Zeitweise war er der offiziell reichste Mensch der Erde.

4 Die US-amerikanische Schauspielerin Marilyn Monroe trug den gleichen Namen wie der US-Präsident James Monroe, der von 1758 bis 1831 lebte.

5 Das englische Wort für Gefängnis lautet »prison«. Haben Sie das City Prison entdeckt?

6 Die Farbe Orange versteckt sich im grünen Bereich.

7 Bowling ist eine amerikanische Variante des Kegelns.

8 Der Londoner Stadtteil Greenwich ist nicht zuletzt dadurch bekannt, dass durch ihn der Nullmeridian verläuft.

9 Die größte Stadt des US-Bundesstaats Pennsylvania ist Philadelphia. Hauptstadt von Pennsylvania ist hingegen Harrisburg.

7

Irgendwo in Amerika

1 Diesem Haus wurde ein neuer Anstrich verpasst.

2 Haben Sie das neu errichtete Haus gefunden?

3 Hier stand ein Haus, doch es wurde abgerissen.

4 An dieser Stelle wurde ein neuer Baum gepflanzt.

5 Haben Sie die Veränderung am Flussufer gefunden?

6 Der kleine Unterschied beim Schiffsverkehr auf dem Mystic River ist Ihnen doch bestimmt aufgefallen.

7 Hier im Fluss sollte keine Spiegelung zu sehen sein.

8 Diese Straße hat auf der unteren Karte einen anderen Namen erhalten.

9 Diese Bezeichnung wurde auf der unteren Karte »verpflanzt«.

8

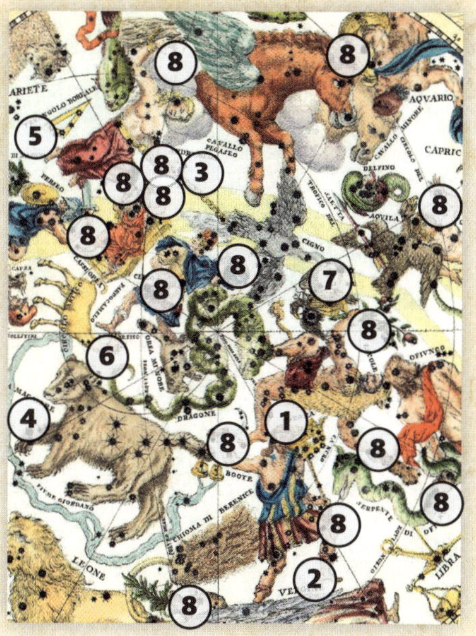

Sternenhimmel über dem Pazifik

1 Das lateinische Wort für »Krone« – und ein allseits bekanntes Virus – lautet »Corona«.

2 Der Wacholderschnaps Gin steckt im Wort Vergine.

3 DONA DREAM ist ein Anagramm des Sternbilds Andromeda.

4 Der Lago Maggiore ist ein langgezogener See, dessen nördliches Fünftel noch zur Schweiz gehört und der durch das Abschmelzen eiszeitlicher Gletscher entstand.

5 Medusa war – im Gegensatz zu ihren Schwestern Stheno und Euryale – die einzige sterbliche Gorgone. Sie wurde von Perseus enthauptet.

6 Die Mannschaftssportart Polo wird zu Pferd ausgetragen. Auch unter den britischen Royals gibt es begeisterte Polospieler.

7 Die Währung der Republik Türkei ist die türkische Lira.

8 Hoch die Hände, Wochenende? Auf der Sternkarte sind jedenfalls stattliche 15 menschliche Hände zu sehen.

9

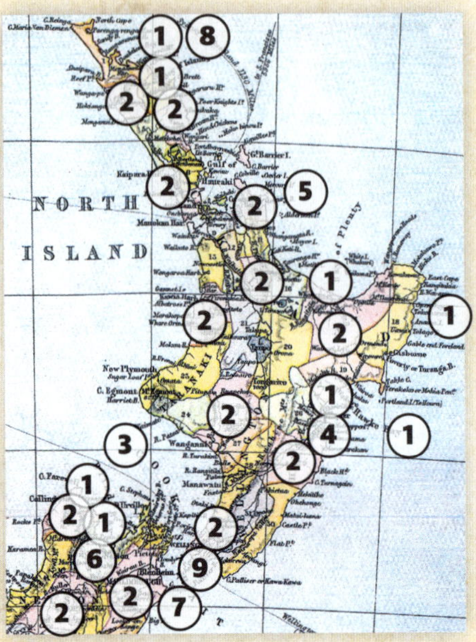

Inselstaat im südlichen Pazifik: Neuseeland

1 Das englische Wort »Bay« (Bucht) kommt in ausgeschriebener Form 8 Mal auf der Karte vor.

2 13 nummerierte Gebiete auf der Karte sind rosa gefärbt.

3 Das englische Wort für »Koch« lautet »Cook«.

4 War Ihre Fahndung nach dem »Kidnapper« erfolgreich?

5 Der auf Sansibar geborene Brite Freddie Mercury lebte von 1946 bis 1991 und war Mitbegründer und Leadsänger der Band Queen. Er schrieb auch den Welthit »Bohemian Rhapsody«.

6 Admiral Horatio Nelson (1758–1805) sicherte durch seinen Sieg bei Trafalgar die Seemacht Großbritanniens.

7 Spätestens Andy Warhols aufsehenerregendes Werk »Campbell's Soup Cans« von 1962 machte das Unternehmen Campbell Soup Company weltbekannt.

8 Die größte Stadt Australiens ist Sydney.

9 Die Hauptstadt Neuseelands ist Wellington mit über 200 000 Einwohnern.

10

Erkennen Sie das asiatische Land?

1 **D** Das viertgrößte Land der Welt – nach Russland, Kanada und den USA – ist die Volksrepublik China.

2 **J** Jakarta ist die Hauptstadt von Indonesien, einem südostasiatischen Inselstaat, der sich auf etwa 17 500 Inseln verteilt.

3 **B** Dass rund vier Fünftel der philippinischen Bevölkerung katholisch sind, liegt an der spanischen Kolonialzeit, die im Jahr 1565 ihren Anfang nahm.

4 **G** Indien wurde 1947 vom Vereinigten Königreich unabhängig, am 26. Januar 1950 trat die Verfassung in Kraft, die Indien zur parlamentarischen Republik machte.

5 **A** Der einzige Binnenstaat Südostasiens ist Laos, das an China, Vietnam, Kambodscha, Thailand und Myanmar grenzt, jedoch nicht an einen Ozean.

6 **I** Ram Baran Yadav war der erste Präsident der am 28. Mai 2008 ausgerufenen Bundesrepublik Nepal.

7 **C** Das gesuchte asiatische Land mit Grenzen zu Indien, China, Afghanistan und zum Iran ist die Islamische Republik Pakistan.

8 **H** Das am dünnsten besiedelte Land der Erde ist die Mongolei. Nur Grönland ist dünner besiedelt, Grönland bildet aber keinen eigenständigen Staat.

9 **F** Der Dong (Đồng) ist die Landeswährung in Vietnam, die seit dem 3. Mai 1978 in Umlauf ist.

10 **E** Krung Thep ist der thailändische Name von Bangkok, der Hauptstadt Thailands.

11

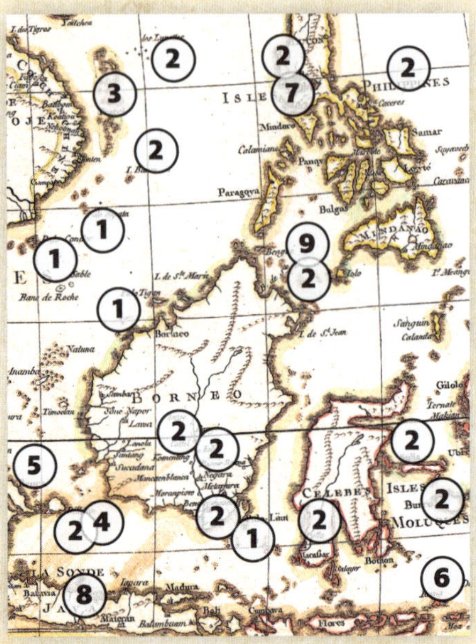

Die Inselstaaten Südostasiens

1 Das Wort »Pulo« lesen Sie auf der Karte insgesamt 4 Mal.

2 12 Wörter auf der Karte haben einen doppelten Konsonanten.

3 Aus Pracel lässt sich das englische »Parcel« bilden, das Paket bedeutet.

4 Streichen Sie aus Billiton das »t«, so erhalten Sie das Wort »Billion«, das in den USA Milliarde bedeutet.

5 Die italienische Banca ist ganz in der Nähe. Zahlen Sie die Milliarde rasch ein!

6 In der Landessprache Italiens trägt die Hauptstadt Rom den Namen Roma.

7 Die Hauptstadt der Philippinen ist Manila – hier auf Französisch Manille geschrieben.

8 Die objektorientierte Programmiersprache JAVA wurde von James Gosling geschrieben und 1995 veröffentlicht.

9 Prinzessin Anne wurde 1950 als jüngere Schwester von Prinz Charles ins britische Königshaus geboren.

12

Im Labyrinth von Bengalen

Folgen Sie allen Anweisungen des Kapitäns gelangen Sie zur Insel Sundiva. Diese Insel heißt heute Sandwip und gehört zu Bangladesch.

13

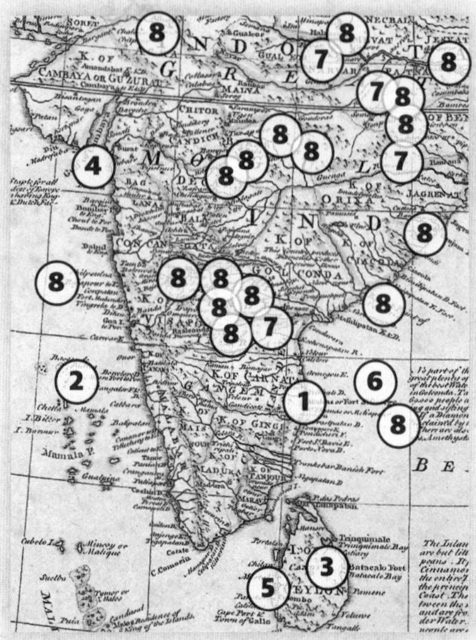

Exotische Namen in Indien und Sri Lanka

1 Madras ist der frühere Name der indischen Stadt Chennai. Die Stadt entstand Mitte des 17. Jahrhunderts um ein britisches Fort herum.

2 Die »Basses de Padua« sind nur noch auf verstaubten Karten und in alten Lexika eingetragen.

3 Das englische Wort für Süßigkeit lautet »Candy«. Diese Stadt war bis 1815 die Hauptstadt des letzten singhalesischen Königreichs.

4 »Flug« rückwärts – das ergibt »Gulf«. Hier ist der »Gulf of Cambaya«, der Golf von Khambhat, damit bezeichnet.

5 Die De-facto-Hauptstadt Sri Lankas ist Colombo, der Regierungssitz befindet sich allerdings in Sri Jayewardenepura Kotte.

6 Als Drachentöter der christlichen Legende gilt der heilige Georg. Nach diesem wurde von den Briten ein Fort benannt, das am 23. April 1640 – dem Georgstag – eingeweiht wurde.

7 In ausgeschriebener Form lässt sich das Wort »River« 4 Mal auf der Karte lesen.

8 18 Bezeichnungen auf der Karte enden auf »pour«, wie Sie feststellen aber kaum eine im südlichen Teil der Karte.

14

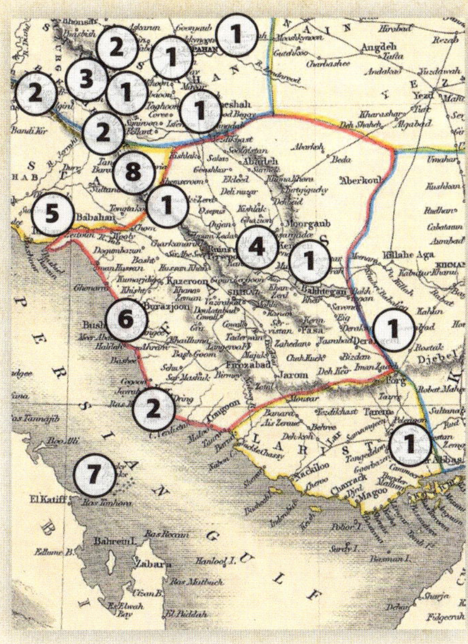

Mit dem Wüstenschiff durch Persien

1 8 Ortsnamen auf der Karte beginnen mit »Ko«. Ko...mpliment, wenn Sie alle gefunden haben!

2 Ja, es sind mehr Berge zu sehen, aber nur 4 zu lesen.

3 Susan ist aus einem Harem geflüchtet. Gut, dass Sie sie gefunden haben!

4 Persepolis war die altpersische Residenzstadt. Alexander der Große ließ die Paläste nach ihrer Eroberung 330 vor Christus in Brand stecken.

5 Das englische Wort für »Indisch« lautet »Indian«.

6 BEERUSH ist ein Anagramm der iranischen Küstenstadt BUSHEER. Heute ist diese Stadt unter anderem für ihr Kernkraftwerk bekannt.

7 Der Boxerfilm »Rocky« von 1976 war ein weltweiter Megaerfolg. Sylvester Stallone spielte nicht nur die Titelrolle, sondern er schrieb auch das Drehbuch.

8 Streichen Sie den letzten Buchstaben, so wird aus »Safaria« eine »Safari«.

15

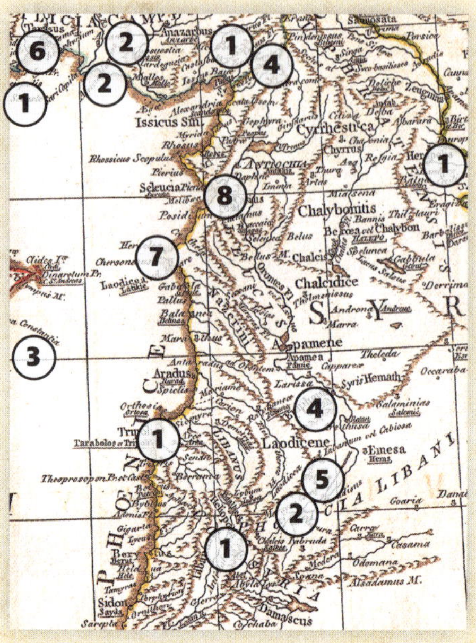

Antikes Syria

1 5 »polis« sind auf der Karte zu zählen. Im antiken Griechenland wurde ein Stadtstaat als Polis bezeichnet.

2 Haben Sie alle 3 »Camp« auf der Karte ausgemacht?

3 Das lateinische Wort für Beständigkeit ist »contantia«, von dem sich auch das Wort Konstanz herleitet.

4 Das christliche Hochfest »Epiphania«, das am 6. Januar gefeiert wird, nennt man vielerorts den Dreikönigstag.

5 Haben Sie »Paradisus« entdeckt? Genießen Sie Ihren Aufenthalt!

6 Der Apostel Paulus lebte von etwa 5 bis etwa 64 nach Christus. Geboren wurde er in der Stadt Tarsus, die heute in der Türkei liegt.

7 Der griechische Halbgott Herakles – oder auf Lateinisch: Herkules – wurde wegen seiner Heldentaten sogar in den Olymp aufgenommen.

8 Apollon und Daphne – das ist die Geschichte einer unglücklichen Liebe. Während Apollon vor Leidenschaft für Daphne nur so brannte, war sie seinen Annährungsversuchen unzugänglich. Sie wurde schließlich in einen Lorbeerbaum verwandelt.

16

Das Heilige Land

1 Alles ist im Fluss, sofern Sie 7 Flüsse gezählt haben.

2 10 Ortschaften beginnen mit der Buchstabenkombination »Bet«.

3 Ephraim Kishon lebte von 1924 bis 2005. Seine meist humoristischen Werke wurden in 37 Sprachen übersetzt.

4 Das Christentum wurde von Jesus von Nazareth begründet. Nazareth liegt heute im Norden Israels in der historischen Landschaft Galiläa.

5 Sowohl der alttestamentarische König David als auch Jesus von Nazareth sollen in Bethlehem geboren worden sein.

6 Die Stadt ist nicht mit der Festungsanlage Herodium zu verwechseln, die König Herodes südlich von Jerusalem (in der Karte als »Hierosolyma«) anlegen ließ.

7 Gaza ist die größte Stadt im Gazastreifen, einem der beiden Teile der Palästinensischen Autonomiegebiete.

8 Auch am See Genezareth soll Jesus gewirkt haben. Alternative Bezeichnungen sind Galiläisches Meer und See von Tiberias.

9 Das Tote Meer – auf der Karte mit dem lateinischen »Mare Mortuum« bezeichnet – ist ein abflussloser See mit sehr hohem Salzgehalt und liegt 430 Meter unter dem Meeresspiegel.

17

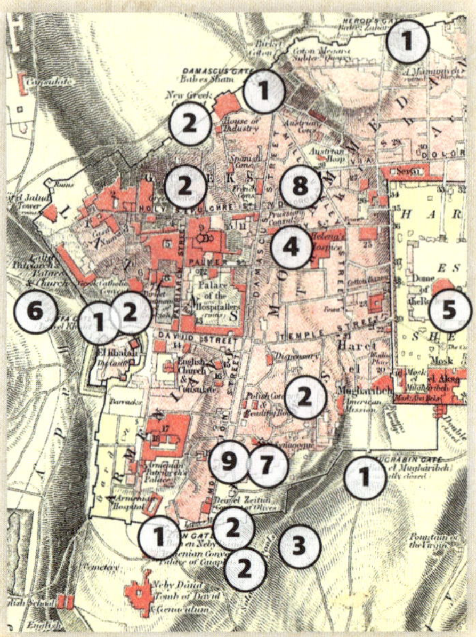

Die Altstadt von Jerusalem

1 Auf der Karte sind 5 Tore zu zählen, nämlich vier der acht Stadttore (Jaffator, Zionstor, Damaskustor und Herodestor) sowie ein Tor zum Tempelberg (Maghrebiner-Tor, auf der Karte: Mugrabin Gate).

2 Das Wort »Convent« oder im Plural »Convents« können Sie 6 Mal zählen.

3 Der Kartenausschnitt wurde im Bereich der Wasserleitung »Solomon's Pools« entnommen. Die »Teiche Solomos« sind alte Wasserreservoire.

4 Die Lady entdecken Sie nahe beim preußischen Konsulat.

5 Der Felsendom ist auf der Karte englisch benannt: »Dome of the Rock«. Das 691 fertiggestellte Bauwerk zählt zu den Hauptheiligtümern des Islam.

6 Seit 1950 ist Tel Aviv-Jaffa ein Stadtgebilde Israels. Doch während Tel Aviv erst 1909 gegründet wurde, ist Jaffa eine historische Hafenstadt mit engen Gassen und alten Gemäuern.

7 Die jüdischen Gotteshäuser werden Synagogen genannt. Das altgriechische Wort Synagoge bedeutet »Versammlung«.

8 Das lateinische Wort für »schmerzhaft« lautet »dolorosus«. Die Via Dolorosa ist ein Prozessionsweg in Jerusalem, auf dem an 14 Stationen an die Leiden Christi erinnert wird.

9 Der Südwesthügel Jerusalems ist der Berg Zion – auf der Karte mit der Mount Zion Street vertreten.

18

Reise zum Nildelta

1 Die Pyramiden von Giseh – darunter auch die Cheops-Pyramide – befinden sich nur 15 Kilometer vom Stadtzentrum der Hauptstadt Kairo entfernt.

2 Wenn der Italiener »Basta« sagt, meint er »Es reicht!«. Auf der Karte ist das Wort Teil der Ortsbezeichnung Tel Basta, das altägyptische Bubastis.

3 Ein Teekesselchen ist ein Wort, das mehrere Bedeutungen hat: Das englische Wort »well« bedeutet sowohl »gut« als auch »Quelle«.

4 Das geografische Fremdwort für eine Landenge lautet »Isthmus«.

5 Obwohl deutlich mehr Berge auf der Karte zu sehen sind – zu lesen sind nur 3 »Gebel«.

6 3 Orte auf der Karte wurden rot markiert. Vielleicht warten dort geheime Schätze auf den Suchenden?

7 Der Stein von Rosetta wurde von einem napoleonischen Offizier am 15. Juli 1799 zufällig entdeckt. 1822 gelang mithilfe des Steines die Entschlüsselung der ägyptischen Hieroglyphen.

8 Der nordwestliche Ausläufer des Roten Meeres ist der Golf von Sues. Der 1869 eröffnete Sueskanal, der heute das Rote Meer mit dem Mittelmeer verbindet, ist auf dieser alten Karte noch nicht verzeichnet.

9 In der Bibliothek von Alexandria sollen mehrere Hunderttausend Schriftrollen gesammelt und katalogisiert worden sein.

19

Flagge zeigen in Afrika

1 **F** Die traditionelle Kopfbedeckung auf der Flagge Lesothos ist ein Strohhut, der als Mokorotlo bezeichnet wird. Er stammt von den Basotho, einem Bergvolk, das überwiegend in Lesotho lebt.

2 **C** Nein, mit der Flagge des Deutschen Kaiserreichs hat die Flagge Ägyptens rein gar nichts am Hut. Im Gegenteil: Sie geht auf das Revolutionsjahr 1952 zurück, als die ägyptische Monarchie gestürzt wurde. Aber beide Flaggen teilen sich die Farben Rot, Weiß und Schwarz – nur in umgekehrter Reihung.

3 **H** Namibia wurde am 21. März 1990 von Südafrika unabhängig. Am selben Tag wurde die Nationalflagge offiziell eingeführt.

4 **B** Liberia und Äthiopien war die einzigen beiden Staaten, die nie kolonialisiert wurden. Ursprünglich war Liberia von den USA dazu gedacht, ehemalige Sklaven in Afrika anzusiedeln. Schon 1847 erlangte Liberia aber die Unabhängigkeit von den USA. Eine Kolonie war es nie.

5 **E** Der Binnenstaat Eswatini grenzt an Südafrika und Mosambik. Mswati III. bestieg bereits 1986 als Teenager den Thron. Das Königreich ist das einzige Land in Afrika, das absolutistisch regiert wird.

6 **G** Die Flagge Angolas wurde von der linksgerichteten Partei MPLA 1975 eingeführt. Ein halbes Zahnrad symbolisiert die Arbeiterklasse und ein Buschmesser die Bauern.

7 **A** Der Massai-Schild und die beiden gekreuzten Speere auf der Flagge Kenias stehen für den Freiheitswillen des Landes, das 1963 seine Unabhängigkeit vom Vereinigten Königreich erlangte.

8 **D** Mehrere Flaggen Afrikas verwenden – wie Ghana – die Farben Grün, Gelb und Rot. Damit soll die Idee einer afrikanischen Einheit zum Ausdruck gebracht werden.

20

Skylines der Welt

1 **F** Der 330 Meter hohe Eiffelturm ist das wohl markanteste Bauwerk in Paris. Er wurde von Gustave Eiffel als Aussichtsturm für die Weltausstellung im Jahr 1889 errichtet.

2 **C** Die 30 Meter hohe Christusstatue »Cristo Redentor« wurde 1931 oberhalb von Rio de Janeiro errichtet. Heute wird sie zu den »neuen sieben Weltwundern« gezählt.

3 **H** Im Herzen Moskaus liegt der Kreml, der Amtssitz der Großfürsten, Zaren und des russischen Präsidenten. Auf dem benachbarten Roten Platz steht die berühmte Basilius-Kathedrale.

4 **E** Das Brandenburger Tor wurde Ende des 18. Jahrhunderts im frühklassizistischen Stil erbaut. Es ist das einzige erhaltene Stadttor in der deutschen Hauptstadt Berlin.

5 **A** Der Burj Khalifa steht in Dubai, der Hauptstadt des Emirats Dubai. Erbaut wurde der Wolkenkratzer nach Plänen des US-amerikanischen Architekten Adrian Smith.

6 **G** Der Baubeginn der Basilika Sagrada Família in Barcelona war 1882. Die Pläne zum Bau stammen vom katalanischen Baumeister Antoni Gaudí, der 1926 verstarb.

7 **J** Das Kolosseum ist ein Amphitheater in Rom, das im ersten Jahrhundert nach Christus errichtet wurde. Es ist das größte geschlossene Bauwerk der römischen Antike.

8 **D** Altehrwürdig thront der Hradschin, die alte Burgstadt, über der tschechischen Hauptstadt Prag, die früher die Hauptstadt Böhmens war.

9 **B** Die Freiheitsstatue ist ein Geschenk Frankreichs an die USA. 1886 wurde sie auf Liberty Island im Hafen von New York eingeweiht.

10 **I** Nur rund 15 Kilometer vom Stadtzentrum Kairos entfernt besichtigen Sie die Pyramiden von Giseh, das einzige der sieben Weltwunder der Antike, das heute noch erhalten ist.

21

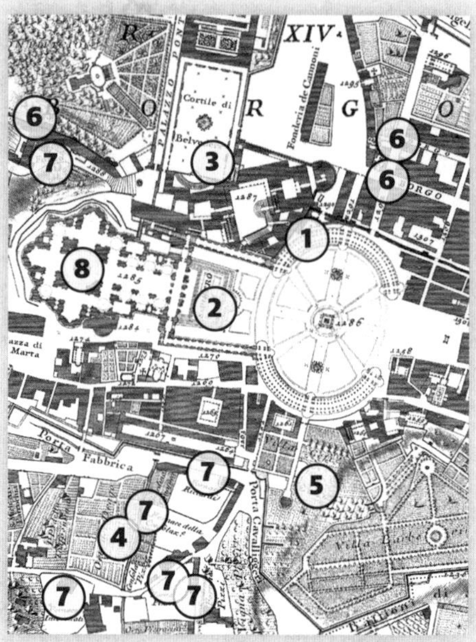

Zur Audienz in Rom

1 Klein, aber fein: Die Zahl 1289 grenzt an den Petersplatz.

2 Er gilt als erster Bischof von Rom: Auf Italienisch heißt er Pietro, auf Deutsch Peter und auf Lateinisch Petrus.

3 BREVEELED ist ein Anagramm von BELVEDERE. Auf Italienisch bedeutet das wörtlich übersetzt »schön zu sehen«.

4 Der »Garten des Drachen« ist der »Orto del Drago«.

5 Der Kartenausschnitt wurde südlich des Petersplatzes entnommen.

6 Auf der Karte ist 3 Mal »Borgo« zu lesen. Das große »Borgo« ist doch nicht zu übersehen, oder?

7 Sie brennen sicher bereits auf die Antwort: »Forno« oder »Fornace« gibt es 6 Mal auf der Karte.

8 Die Hauptkuppel des Petersdoms wurde in der Mitte des 16. Jahrhunderts von Michelangelo entworfen, einem der bedeutendsten Künstler der Renaissance.

22

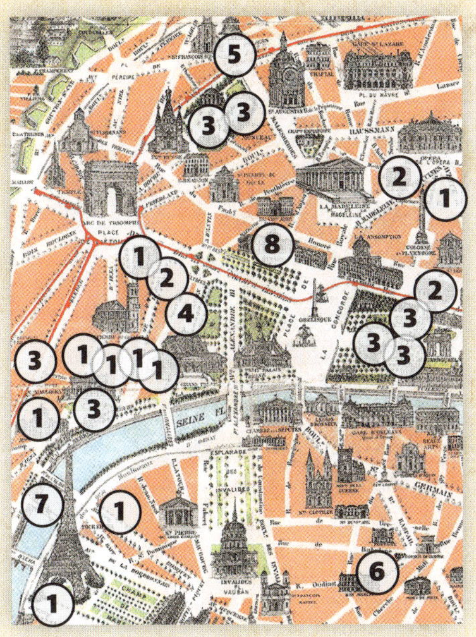

Bummeln an der Seine

1 Sie lesen auf der Karte 9 Mal das französische Wort »Avenue«.

2 Ein »Hotel« gibt es 3 Mal auf der Karte. Unser Tipp: Gönnen Sie sich doch einmal die Präsidentensuite!

3 Außerhalb der Seine gibt es 7 Stellen auf der Karte, die deutlich sichtbar blaues Wasser zeigen.

4 Michel de Montaigne lebte von 1533 bis 1592. Der studierte Jurist übte hohe Ämter aus, war aber auch ein einflussreicher Philosoph in der Zeit der späten Renaissance.

5 »Die drei Musketiere« sowie »Der Graf von Monte Christo« sind die wohl berühmtesten Romane von Alexandre Dumas (1802–1870).

6 Babylon – hier auf Französisch: Babylone – war im Altertum die Hauptstadt von Babylonien. Die Ruinen Babylons befinden sich im heutigen Irak.

7 Das »Billy«-Regalsystem führte IKEA 1978 ein. Es entwickelte sich zu einem weltweiten Verkaufsschlager.

8 Der Amtssitz des französischen Staatspräsidenten ist der im frühen 18. Jahrhundert erbaute Élysée-Palast.

23

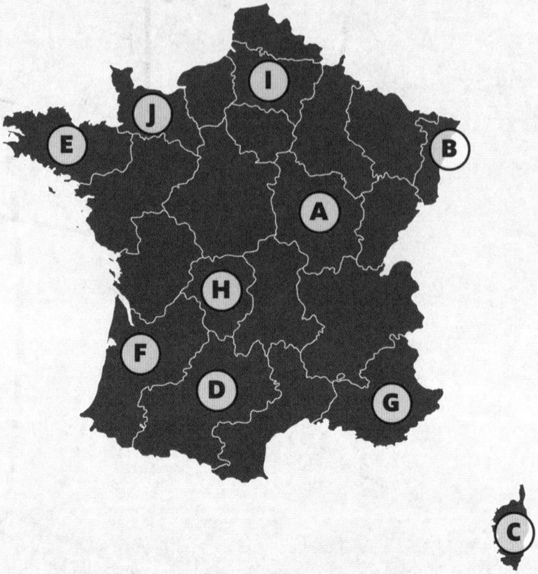

Länderpuzzle Frankreich

1 E Die ganz im Westen gelegene Bretagne ist die größte Halbinsel Frankreichs. In Gallien hieß diese Region Aremorica – »Land am Meer«.

2 G Von einem Strandtag an der Mittelmeerküste bis zum Klettern in den französischen Alpen ist in dieser Region im Südosten Frankreichs alles drin.

3 A Diese Region ist unter anderem für ihre Weine und den in ihrer Hauptstadt Dijon hergestellten Senf bekannt.

4 J Die Basse-Normandie im Norden Frankreichs am Ärmelkanal. Die Region grenzt an der Mündung der Seine an die Haute-Normandie.

5 C Korsika ist die viertgrößte Insel im Mittelmeer und gehört seit 1769 zu Frankreich. Im gleichen Jahr wurde Napoleon Bonaparte hier geboren.

6 I Seit dem Ende des Hundertjährigen Krieges macht die Picardie nicht mehr viel von sich reden. Die bekannteste Stadt ist Amiens.

7 B Das Elsass ist die östlichste Region Frankreichs. In der Regionshauptstadt Straßburg hat heute unter anderem das Europäische Parlament seinen Sitz.

8 D Diese Region grenzt in den Pyrenäen an Spanien sowie Andorra. In der Hauptstadt Toulouse werden fleißig Airbus-Flugzeuge gebaut.

9 H Diese französische Region wurde nach der Stadt Limoges benannt.

10 F Die Region Aquitanien liegt im Südwesten Frankreichs. Berühmt in dieser Region sind unter anderem die Weinbaugebiete von Bordeaux.

24

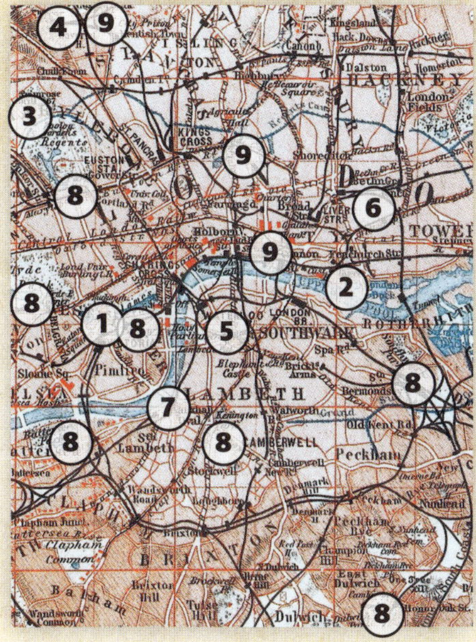

Teatime in London

1 Der Buckingham-Palast wurde 1703 von einem englischen Herzog als Stadthaus erbaut. Erst mit der Thronbesteigung Victorias 1837 wurde er zur offiziellen Residenz der britischen Royals.

2 Den Tower von London ließ Wilhelm der Eroberer im 11. Jahrhundert als Festung gegen feindselige Bürger errichten. Der aus der Normandie stammende Wilhelm ließ sich 1066 zum englischen König krönen.

3 »Primrose Hill« bedeutet übersetzt »Primel-Hügel«.

4 Sind Sie im Suchfieber? Hier ganz am Rand finden Sie das englische Wort »Fever«.

5 Am 18. Juni 1815 verlor Napoleon Bonaparte bei Waterloo seine letzte Schlacht. Im Anschluss wurde er auf die Atlantikinsel St. Helena verbannt.

6 Jack the Ripper trieb im Londoner Stadtteil Whitechapel sein Unwesen. Die bis zu elf Morde, die ihm zugerechnet werden, nennt man deshalb auch »Whitechapel-Morde«.

7 Autos wurden bei Vauxhall Motors erst ab 1903 hergestellt.

8 Konnten Sie sich in einem der Parks entspannen? Das Wort »Park« lässt sich auf der Karte 7 Mal finden.

9 Das Wort »City« lesen Sie auf der Karte 3 Mal.

BILDNACHWEIS

stock.adobe.com – (©): Andrey Kuzmin (alle Hintergründe), Seite 1 o. my_stock, 1 M. lynea, 1 u. max_776, 2 l. lynea, 2 r. artbalitskiy, 2 u. OlgaKorneeva, 6 l. Eva Kali, 6 r. + u. + 7 Rawpixel.com, 8 Anja Kaiser, 11 Sergey Kamshylin, 12 o. Anja Kaiser, 12 u. Hartmut Lerch, 13 Rawpixel.com, 14 Anja Kaiser, 15 nickolae, 16 o. Mannaggia, 16 u. Vanessa, 18 o. Rawpixel.com, 18 u. my_stock, 19 PicturePast, 20 o. KseniaKrop, 28 Rawpixel.com, 31 Sergey Kamshylin, 32 endstern, 34 Rawpixel.com, 35 Sergey Kamshylin, 36 u. aleciccotelli, 38 Morphart, 39 Sergey Kamshylin, 40 o. Anja Kaiser, 40 u. FMUA, 42 Anja Kaiser, 43 mastamak, 46 Anja Kaiser, 47 agrus, 48 o. Erica Guilane-Nachez, 50 Anja Kaiser, 51 PicturePast, 54 + 56 o. Rawpixel.com, 56 u. Anja Kaiser, 59 Sergey Kamshylin, 60 Mannaggia, 63 Sergey Kamshylin, 64 o. Anja Kaiser, 64 u. endstern, 67 PicturePast, 71 eldadcarin, 72 o. Hartmut Lerch, 75 ruskpp, 76 o. Alfonsodetomas, 79 eldadcarin, 80 o. Hartmut Lerch, 83 gt29, 84 o. Anja Kaiser, 84 u. Erica Guilane-Nachez, 87 max_776, 92 Anja Kaiser, 95 Sergey Kamshylin, 96 Anja Kaiser, 98/99 agrus, 100 l. lynea, 100 r. artbalitskiy, 100 u. Hartmut Lerch, 102 Anja Kaiser, 103 nickolae, 128 OlgaKorneeva

Wikimedia Commons (Public Domain): Seite 20 u., 23, 24, 27, 36 o., 44, 48 u., 52, 55, 58, 62, 68, 72 u., 74 o., 76 u., 78, 80 u., 82, 86, 88, 91